危险化学品企业重点岗位人员工伤预防能力提升培训系列教材

# 危险化学品企业
## 重点岗位人员工伤预防能力提升
### 培训习题集

中国化学品安全协会 组织编写

中国劳动社会保障出版社

图书在版编目(CIP)数据

危险化学品企业重点岗位人员工伤预防能力提升培训习题集/中国化学品安全协会组织编写. -- 北京：中国劳动社会保障出版社，2023

危险化学品企业重点岗位人员工伤预防能力提升培训系列教材

ISBN 978-7-5167-5838-0

Ⅰ.①危… Ⅱ.①中… Ⅲ.①化工产品-危险品-工伤事故-事故预防-技术培训-习题集 Ⅳ.①X928.503-44

中国国家版本馆 CIP 数据核字(2023)第 059029 号

---

**中国劳动社会保障出版社出版发行**

(北京市惠新东街 1 号 邮政编码：100029)

\*

北京市白帆印务有限公司印刷装订　　新华书店经销

787 毫米×1092 毫米　16 开本　16.5 印张　241 千字

2023 年 5 月第 1 版　　2023 年 5 月第 1 次印刷

定价：52.00 元

营销中心电话：400-606-6496

出版社网址：http://www.class.com.cn

版权专有　　侵权必究

如有印装差错，请与本社联系调换：(010) 81211666

我社将与版权执法机关配合，大力打击盗印、销售和使用盗版图书活动，敬请广大读者协助举报，经查实将给予举报者奖励。

举报电话：(010) 64954652

# 编委会

主　　　任：郝　军
副　主　任：张玉平
委　　　员：(按姓氏笔画排序)
　　　　　　王　震　冯建柱　孙志岩　李成国
　　　　　　杨洪涛　吴晓钰　张　博　林京耀
　　　　　　周　欢　胡海川　侯红霞　嵇　超

本书主编：孙志岩　吴晓钰
编写人员：嵇　超　张玉平　杨洪涛　王　震
　　　　　周　欢　侯红霞　冯建柱

# 前言

我国历来高度重视工伤预防工作。2020年12月,人力资源和社会保障部、工业和信息化部、财政部、住房城乡建设部、交通运输部、国家卫生健康委员会、应急管理部、中华全国总工会联合印发《工伤预防五年行动计划(2021—2025年)》,提出瞄住盯紧工伤事故和职业病高发的危险化学品等重点行业企业、深入推进工伤预防培训等任务。

为了落实《工伤预防五年行动计划(2021—2025年)》,提升危险化学品领域从业人员工伤预防意识和能力,2021年12月,人力资源和社会保障部与应急管理部联合印发《关于实施危险化学品企业工伤预防能力提升培训工程的通知》(人社部函〔2021〕168号)(以下简称"通知")。通知要求,深入学习贯彻习近平总书记关于安全生产重要论述,紧紧围绕从源头上消除事故隐患,实施危险化学品企业工伤预防能力提升培训工程。利用三年时间(2022—2024年),将需应急管理部门许可的危险化学品生产企业、储存设施构成重大危险源的经营企业、使用危险化学品从事生产的化工企业,以及涉及重点监管危险化工工艺、构成重大危险源的精细化工企业和化学合成类药品生产企业安全生产分管负责人、专职安全管理人员和班组长(含车间主任,下同)(以下简称"三类人员")作为重点培训对象,2024年年底前实现上述人员培训全覆盖。

为了加强和保证培训质量,不断提升三类人员工伤预防能力、履责能力、风险管控和应急处置能力,中国化学品安全协会组织专家,按照应急管理部下发的《危险化学品企业工伤预防能力提升通用培训大纲》,结合我国危险化学品企业安全管理现状,梳理了安全生产及工伤预防的应知应会知识,继"危险化学品重大危险源包保责任人工伤预防能力提升培训系列教材"后,又编写了"危险化学品企业重点岗位人员工伤预防能力提升培训系列教材"。本套教材包括以下4个分册：《危险化学品企业安全生产分管负责人工伤预防知识》《危险化学品企业专职安全管理人员工伤预防知识》《危险化学品企业班组长工伤预防知识》和《危险化学品企业重点岗位人员工伤预防能力提升培训习题集》。

  本套丛书在编写过程中，参阅了相关资料与著作，在此对有关著作者和专家表示感谢。本套丛书力求内容全面、知识实用，但由于编者水平所限，书中恐有疏漏，敬请广大读者批评指正并提出宝贵意见。

编委会

2023 年 4 月

# 内容简介

本书围绕有关法律、法规、规章、标准及文件对危险化学品企业重点岗位人员安全管理的要求编制，是《危险化学品企业安全生产分管负责人工伤预防知识》《危险化学品企业专职安全管理人员工伤预防知识》《危险化学品企业班组长工伤预防知识》的配套习题集，目的是考核评估危险化学品企业重点岗位人员对安全生产相关知识的掌握情况，强化重要知识的学习和巩固。

本书围绕法律法规及政策、安全生产管理、安全生产技术、事故与应急处置等内容进行习题设计，题型包括单项选择题、多项选择题和判断题。所选题目针对性、实用性强，答案解析专业翔实，文字语言通俗易懂，可作为政府、企业开展危险化学品企业重点岗位人员工伤预防培训及考核评估的参考书籍。

# 目录

**第一章 法律法规及政策** ……………………………………………………………… 1

第一节 安全生产法律法规及政策 ……………………………………………… 1
    习题 ……………………………………………………………………… 1
    参考答案及解析 ………………………………………………………… 22

第二节 工伤保险和工伤预防 …………………………………………………… 45
    习题 ……………………………………………………………………… 45
    参考答案及解析 ………………………………………………………… 54

**第二章 安全生产管理** …………………………………………………………………… 65

第一节 安全管理机构、人员配备及职责 ……………………………………… 65
    习题 ……………………………………………………………………… 65
    参考答案及解析 ………………………………………………………… 71

第二节 安全生产投入 …………………………………………………………… 76
    习题 ……………………………………………………………………… 76
    参考答案及解析 ………………………………………………………… 81

第三节 安全生产规章制度和操作规程 ………………………………………… 88
    习题 ……………………………………………………………………… 88
    参考答案及解析 ………………………………………………………… 92

第四节 安全生产教育和培训 …………………………………………………… 98
    习题 ……………………………………………………………………… 98
    参考答案及解析 ………………………………………………………… 102

第五节 安全标准化体系与安全文化 …………………………………………… 107

| | 习题 | 107 |
| | 参考答案及解析 | 113 |

第六节　双重预防机制建设 119
　　习题 119
　　参考答案及解析 126

第七节　变更管理 133
　　习题 133
　　参考答案及解析 139

第八节　特殊作业管理 143
　　习题 143
　　参考答案及解析 148

第九节　危险化学品储存 153
　　习题 153
　　参考答案及解析 157

**第三章　安全生产技术** 162

第一节　危险化学品基础知识 162
　　习题 162
　　参考答案及解析 166

第二节　防火防爆技术 171
　　习题 171
　　参考答案及解析 175

第三节　设备、电气仪表基础知识及管理要求 179
　　习题 179
　　参考答案及解析 185

**第四章　事故与应急处置** 191

第一节　应急预案及应急演练 191

习题 …………………………………………………………… 191
　　　参考答案及解析 ………………………………………………… 200
第二节　**危险化学品应急处置** ……………………………………… 209
　　　习题 …………………………………………………………… 209
　　　参考答案及解析 ………………………………………………… 217
第三节　**应急救援装备的选用及维护** ……………………………… 223
　　　习题 …………………………………………………………… 223
　　　参考答案及解析 ………………………………………………… 228
第四节　**事故事件管理** ……………………………………………… 233
　　　习题 …………………………………………………………… 233
　　　参考答案及解析 ………………………………………………… 241

# 第一章 法律法规及政策

## 第一节 安全生产法律法规及政策

## 习 题

一、单项选择题

1. 2013年11月24日,习近平总书记在青岛黄岛经济开发区考察输油管线泄漏引发爆燃事故抢险工作时作出重要指示,要加大安全生产指标考核权重,实行安全生产和重大安全生产事故风险（　　）。

  A. 一票否决　　　　　　　　B. 谁检查、谁签字

  C. 落实到岗位、落实到人头　　D. 管业务必须管安全

2. 根据《中共中央　国务院关于推进安全生产领域改革发展的意见》要求,坚持党政同责、一岗双责、齐抓共管、（　　）,完善安全生产责任体系。

  A. 失职追责　　　　　　　　B. 四不两直

  C. 谁检查、谁签字　　　　　　D. 一票否决

3. 根据《中华人民共和国安全生产法》,安全生产工作实行（　　）,强化和落实生产经营单位主体责任与政府监管责任,建立生产经营单位负责、职工参与、政府监管、行业自律和社会监督的机制。

  A. 管行业必须管安全、管业务必须管安全、管生产经营必须管安全

  B. 四不两直

  C. 谁检查、谁签字

D. 管业务必须管安全

4. 根据《中华人民共和国安全生产法》，国家对严重危及生产安全的工艺、设备实行（　　）制度。

　　A. 审批　　　　B. 登记　　　　C. 淘汰　　　　D. 监管

5. 根据《中华人民共和国安全生产法》，下列关于安全设备设施管理要求的表述，错误的是（　　）。

　　A. 生产经营单位必须对安全设备进行经常性维护、保养，并定期检测，保证正常运转

　　B. 生产经营单位不得关闭、破坏直接关系生产安全的监控设备

　　C. 篡改、隐瞒、销毁直接关系生产安全的相关数据、信息的生产经营单位如果未发生生产安全事故，可不承担法律责任

　　D. 关闭、破坏直接关系生产安全的防护设施，情节严重的，责令停产停业整顿

6. 根据《中华人民共和国安全生产法》，生产经营单位对重大危险源应当登记建档，进行定期检测、评估、监控，并制定（　　），告知从业人员和（　　）在紧急情况下应当采取的应急措施。

　　A. 安全措施，安全管理人员　　　B. 安全措施，相关人员

　　C. 应急预案，安全管理人员　　　D. 应急预案，相关人员

7. 根据《中华人民共和国安全生产法》，生产经营单位应当对从业人员进行安全生产教育和培训。下列关于危险化学品企业从业人员安全生产教育和培训要求的表述，错误的是（　　）。

　　A. 从业人员要具备必要的安全生产知识

　　B. 从业人员要熟悉有关的安全生产规章制度和安全操作规程

　　C. 从业人员要了解事故应急处理措施

　　D. 新工人上岗前要完成48学时的培训

8. 根据《中华人民共和国安全生产法》，下列关于劳务派遣人员安全生产教育和培训要求的表述，错误的是（　　）。

　　A. 应当将被派遣劳动者单独管理

B. 应当将被派遣劳动者纳入本单位从业人员统一管理

C. 被派遣劳动者要接受岗位安全操作规程的培训

D. 被派遣劳动者要接受岗位安全操作技能的培训

9. 根据《中华人民共和国安全生产法》，生产经营单位进行动火、吊装、临时用电作业等危险作业，未安排专门人员进行现场安全管理的行为属于违法行为。下列关于该违法行为处罚的表述，正确的是（　　）。

A. 责令立即关闭

B. 责令立即停产整顿

C. 责令限期改正，并处 10 万元以上 50 万元以下的罚款

D. 责令限期改正，处 10 万元以下的罚款

10. 根据《中华人民共和国安全生产法》，下列关于危险化学品生产经营单位重大危险源管理的表述，错误的是（　　）。

A. 生产经营单位对重大危险源未登记建档的，责令限期改正，处 5 万元以下的罚款

B. 生产经营单位对重大危险源未制定应急预案的，责令限期改正，处 10 万元以下的罚款

C. 生产经营单位对重大危险源未将应急措施告知从业人员的，责令限期改正，逾期未改正的，责令停产停业整顿，并处 10 万元以上 20 万元以下的罚款

D. 生产经营单位对重大危险源未定期检测的，责令限期改正，逾期未改正的，责令停产停业整顿，并处 10 万元以上 20 万元以下的罚款

11. 某危险化学品运输公司，有职工 65 人、危险化学品运输车辆 20 辆。根据《中华人民共和国安全生产法》，下列关于该公司安全生产管理机构设置和安全生产管理人员配备的表述，正确的是（　　）。

A. 该公司应当设置安全生产管理机构或者配备专职安全生产管理人员

B. 该公司应当设置安全生产管理机构或者配备兼职安全生产管理人员

C. 该公司应当设置安全生产管理机构或者配备注册安全工程师

D. 该公司不需设置安全生产管理机构，但应当配备兼职安全生产管理人员

12. 甲建筑公司在某石油化工企业承建办公楼,进行吊装作业。根据《中华人民共和国安全生产法》,下列关于该吊装作业现场安全管理的表述,正确的是(    )。

    A. 该市应急管理部门应当安排专门人员进行现场安全管理

    B. 甲建筑公司应当安排专门人员进行现场安全管理

    C. 该市建设主管部门应当安排专门人员负责现场安全管理

    D. 项目设计单位应当安排专门人员负责现场安全管理

13. 甲建筑公司和乙化工公司在同一作业区域内进行作业活动,可能危及对方生产安全。根据《中华人民共和国安全生产法》,下列关于在同一作业区域内安全管理的表述,正确的是(    )。

    A. 甲、乙公司应当签订合作经营协议,各指定一名兼职人员负责各自的安全管理

    B. 甲、乙公司应当签订安全生产管理协议,指定专职安全生产管理人员进行安全检查与协调

    C. 所在地应急管理部门应当派专人,负责甲、乙公司交叉作业的安全管理

    D. 所在地建设主管部门应当派专人,负责甲、乙公司交叉作业的安全管理

14. 甲装备公司在乙化工公司生产车间拆除尾气炉,用气割断开与尾气炉相连接的管道。因尾气炉炉体锈蚀严重发生倾斜,导致甲公司一名工人从炉体顶部坠落死亡。在事故分析时,有4种主要观点:①甲、乙公司应当签订专门的安全生产管理协议,或者在设备拆除施工合同中约定各自的安全生产管理职责;②甲公司应当负责在乙公司施工期间安全生产工作的统一协调、管理;③甲公司在对该施工进行安全检查时发现问题,应当及时进行整改;④甲公司的拆除作业资质正在审核中,在此期间甲公司是可以进行作业的。根据《中华人民共和国安全生产法》,这4种主要观点中,正确的是(    )。

    A. ①②        B. ②④        C. ①③        D. ③④

15. 根据《中华人民共和国安全生产法》,下列关于生产安全事故应急救援

与调查处理的表述，正确的是（　　）。

    A. 单位负责人接到事故报告后，可以委托分管负责人组织事故抢救

    B. 除尚未查清伤亡人数、财产损失等原因外，必须立即将事故报告当地应急管理部门

    C. 除尚未核实事故起因和伤亡人数等原因外，不得迟报事故

    D. 在任何情况下均不得故意破坏事故现场和毁灭有关证据

16. 某化肥生产企业存在重大事故隐患，应急管理部门对该企业作出停产决定，但该企业仍然继续生产，随时有发生生产安全事故的现实危险，应急管理部门决定对该企业采取停止供电措施。根据《中华人民共和国安全生产法》，除有危及生产安全的紧急情形外，应当提前（　　）h通知对该企业采取停止供电措施。

    A. 8        B. 12        C. 24        D. 36

17. 应急管理部门对某生产经营单位进行安全生产监督检查。根据《中华人民共和国安全生产法》，下列关于对该单位安全生产监督检查的表述，错误的是（　　）。

    A. 监督检查人员有权进入现场，调阅相关资料，向现场工人了解相关情况

    B. 检查发现存在违法行为的，当场予以纠正或者要求限期改正

    C. 检查发现事故隐患的，应当责令立即排除

    D. 检查发现安全设备使用不符合国家标准的，应当立即采取停止供电措施

18. 根据《中华人民共和国刑法》，安全生产设施或者安全生产条件不符合国家规定，因而发生重大伤亡事故或者造成其他严重后果的，对直接负责的主管人员和其他直接责任人员，处3年以下有期徒刑或者拘役；情节特别恶劣的，处（　　）有期徒刑。

    A. 3年以上7年以下        B. 7年以上

    C. 2年以上5年以下        D. 5年以下

19. 根据《中华人民共和国刑法》，违反爆炸性、易燃性、放射性、毒害性、

腐蚀性物品的管理规定，在生产、储存、运输、使用中发生重大事故的行为构成（　　）。

  A. 重大责任事故罪　　　　　B. 重大劳动安全事故罪

  C. 不报谎报事故罪　　　　　D. 危险物品肇事罪

20. 根据《危险化学品安全管理条例》，下列关于危险化学品重大危险源仓库管理要求的表述，错误的是（　　）。

  A. 危险化学品的储存方式、方法以及储存数量应当符合国家标准

  B. 剧毒化学品之外的其他危险化学品仓库管理应该实行双人收发、双人保管制度

  C. 危险化学品的储存方式、方法以及储存数量应当符合国家有关规定

  D. 储存数量构成重大危险源的危险化学品，应当在专用仓库内单独存放

21. 根据《危险化学品安全管理条例》，下列关于危险化学品储存单位安全设备设施设置的表述，错误的是（　　）。

  A. 应当根据其储存的危险化学品的种类和危险特性设置相应的安全设施、设备

  B. 应当按照国家标准、行业标准或者国家有关规定对安全设施、设备进行经常性维护、保养

  C. 应当在其作业场所放置安全设施、设备的使用说明书

  D. 应当保证安全设施、设备的正常使用

22. 根据《危险化学品安全管理条例》，下列关于危险化学品储存设施选址要求的表述，错误的是（　　）。

  A. 储存数量构成重大危险源的储存设施（运输工具、加油站、加气站除外）与道路交通干线的距离必须符合国家有关规定

  B. 储存数量构成重大危险源的储存设施（运输工具、加油站、加气站除外）与学校、医院等公共设施的安全距离必须符合国家有关规定

  C. 可建在基本农田保护区边上

  D. 储存数量构成重大危险源的储存设施（运输工具、加油站、加气站

除外）与风景名胜区的距离必须符合国家有关规定

23. 根据《危险化学品重大危险源监督管理暂行规定》（国家安全生产监督管理总局令第 40 号），危险化学品单位应该加强重大危险源动态评估管理。下列关于重大危险源动态评估管理的表述，错误的是（　　）。

　　A. 有关重大危险源辨识和安全评估的国家标准、行业标准发生变化的，危险化学品单位应当对重大危险源重新进行辨识评估

　　B. 重大危险源安全评估已满 2 年的，危险化学品单位应当对重大危险源重新进行辨识评估

　　C. 构成重大危险源的装置、设施进行改建的，危险化学品单位应当对重大危险源重新进行辨识评估

　　D. 发生危险化学品事故造成人员死亡，或者 10 人以上受伤，或者影响到公共安全的，危险化学品单位应当对重大危险源重新进行辨识评估

24. 根据《危险化学品重大危险源监督管理暂行规定》（国家安全生产监督管理总局令第 40 号），重大危险源经过安全评价或者安全评估不再构成重大危险源的，危险化学品单位应当向所在地县级人民政府应急管理部门申请核销。申请核销重大危险源应当提交相关文件、资料。下列不属于重大危险源核销提交文件资料范围的是（　　）。

　　A. 载明核销理由的申请书

　　B. 单位名称、法定代表人、住所、联系人、联系方式

　　C. 安全评价报告

　　D. 重大危险源场所安全警示标志的设置情况

25. 根据《危险化学品安全管理条例》，储存单位应将其储存剧毒化学品以及储存数量构成重大危险源的其他危险化学品的信息报所在地县级人民政府应急管理部门（在港区内储存的，报港口行政管理部门）备案。下列不属于备案内容的是（　　）。

　　A. 储存数量　　　　　　　　B. 储存地点

　　C. 管理人员的情况　　　　　D. 应急措施

26. 根据《危险化学品安全管理条例》，下列关于生产、储存危险化学品单

位管道的安全标志及检查的表述，错误的是（　　）。

  A. 应当对其铺设的危险化学品管道设置明显标志

  B. 应当对危险化学品管道定期检查、检测

  C. 进行可能危及危险化学品管道安全的施工作业，施工单位应当在开工的3日前书面通知管道所属单位

  D. 管道所属单位应当指派专门人员到现场进行管道安全保护指导

27. 根据《危险化学品安全管理条例》，下列关于危险化学品安全技术说明书的表述，错误的是（　　）。

  A. 危险化学品生产企业应当提供与其生产的危险化学品相符的化学品安全技术说明书

  B. 危险化学品包装（包括外包装件）上应当粘贴或者拴挂与包装内危险化学品相符的化学品安全标签

  C. 化学品安全技术说明书和化学品安全标签所载明的内容应当符合国家标准的要求

  D. 危险化学品生产企业发现其生产的危险化学品有新的危险特性的，应当于10日内进行公告

28. 根据《危险化学品安全管理条例》，生产、储存危险化学品的企业，应当委托具备国家规定资质条件的机构，对本企业安全生产条件每（　　）进行一次安全评价。

  A. 3年  B. 6个月  C. 1年  D. 2年

29. 根据《危险化学品安全管理条例》，下列关于危险化学品包装物、容器安全管理的表述，错误的是（　　）。

  A. 危险化学品的包装应当符合法律、行政法规、规章的规定以及国家标准、行业标准的要求

  B. 危险化学品包装物、容器的材质以及危险化学品包装的型式、规格、方法和单件质量（重量），应当与所包装的危险化学品的性质和用途相适应

  C. 对重复使用的危险化学品包装物、容器，使用单位在重复使用前应当

进行检查

  D. 使用单位应当对检查情况作出记录，记录的保存期限不得少于 1 年

30. 根据《危险化学品安全管理条例》，下列关于生产、储存剧毒化学品和易制爆危险化学品专项管理的表述，错误的是（  ）。

  A. 应当如实记录其生产、储存的剧毒化学品、易制爆危险化学品的数量、流向

  B. 采取必要的安全防范措施，防止剧毒化学品、易制爆危险化学品丢失或者被盗

  C. 发现剧毒化学品、易制爆危险化学品丢失或者被盗的，应当立即向当地公安机关报告

  D. 应当配备兼职治安保卫人员

31. 根据《中华人民共和国安全生产法》，下列关于安全责任的表述，错误的是（  ）。

  A. 生产经营单位的主要负责人是本单位安全生产第一责任人

  B. 生产经营单位的主要负责人对本单位的安全生产工作全面负责

  C. 其他负责人对职责范围内的安全生产工作负责

  D. 生产经营单位必须设置安全总监

32. 根据《中华人民共和国安全生产法》，生产经营单位的特种作业人员未按照规定经专门的安全作业培训并取得相应资格，上岗作业的，属于违法行为。下列对生产经营单位法律责任追究中，合法的是（  ）。

  A. 责令关闭

  B. 责令停产整顿

  C. 责令限期整改，处 10 万元以下的罚款

  D. 对其直接负责的主管人员和其他直接责任人员处 5 万元以上的罚款

33. 张某由劳务派遣公司派遣到某生产经营单位工作。根据《中华人民共和国安全生产法》，下列关于张某安全生产权利和义务的表述，错误的是（  ）。

  A. 张某有权了解其作业场所和工作岗位存在的危险因素

  B. 张某应当遵守该生产经营单位的安全生产规章制度和操作规程

C. 张某只需接受劳务派遣公司的安全生产教育和培训

D. 张某若发现事故隐患应当及时报告

34. 某化工公司的安全设施不符合国家规定，造成2名工人在进行管道维修作业时死亡。根据《中华人民共和国刑法》及相关司法解释，下列关于犯罪主体及其罪名的表述，正确的是（　　）。

　　A. 化工公司直接责任人员涉嫌构成重大责任事故罪

　　B. 化工公司负责人涉嫌构成强令违章冒险作业罪

　　C. 化工公司安全管理人员涉嫌构成重大责任事故罪

　　D. 化工公司直接负责的主管人员涉嫌构成重大劳动安全事故罪

35. 根据《中华人民共和国安全生产法》，下列关于安全生产管理人员法定职责的表述，正确的是（　　）。

　　A. 建立健全并落实本单位全员安全生产责任制

　　B. 组织建立并落实安全风险分级管控和隐患排查治理双重预防工作机制

　　C. 组织制定并实施重大危险源生产安全事故应急救援预案

　　D. 组织开展危险源辨识和评估，督促落实本单位重大危险源的安全管理措施

36. 某县应急管理局在对某危险化学品生产企业检查时发现，该企业重大危险源未按照要求登记建档，遂对该企业作出8万元罚款的处罚，并要求该企业30日内完成整改。30日后，该企业仍未按要求完成重大危险源登记建档，根据《危险化学品重大危险源监督管理暂行规定》（国家安全生产监督管理总局令第40号），下列关于对该企业及相关责任人员的处罚，正确的是（　　）。

　　A. 对直接负责的主管人员和其他直接责任人员各处3万元的罚款

　　B. 责令企业停产停业整顿，并处30万元的罚款

　　C. 责令企业停产停业整顿，并处60万元的罚款

　　D. 对直接负责的主管人员和其他直接责任人员各处1万元的罚款

37. 某公司为危险化学品生产企业，公司设立了董事会，并聘任赵某为分管安全生产的副总经理，负责公司的日常安全生产管理工作。根据《生产安全事故应急预案管理办法》（应急管理部令第2号），下列关于赵某履行安全生产职责的表

述，正确的是（　　）。

A. 赵某应保证该公司安全生产投入的有效实施

B. 赵某初次接受安全教育培训时间应为32学时

C. 赵某应负责督促落实该公司安全生产整改措施

D. 赵某应负责应急预案的签发

38. 根据《特种作业人员安全技术培训考核管理规定》（国家安全生产监督管理总局令第80号），特种作业人员伪造、涂改特种作业操作证或者使用伪造的特种作业操作证的，应该追究法律责任。下列关于该行为法律责任追究的表述，正确的是（　　）。

A. 责令限期改正

B. 警告，并处1 000元以上5 000元以下的罚款

C. 警告，并处5 000元以上10 000元以下的罚款

D. 拘留

39. 根据《中华人民共和国消防法》，下列关于灭火救援的表述，正确的是（　　）。

A. 乡镇人民政府应当组织有关部门针对本行政区域内的火灾特点制定应急预案，提供装备等保障

B. 单位、个人为火灾报警提供便利的，应当获得适当的报酬

C. 任何单位发生火灾，必须立即组织力量扑救，邻近单位应当给予支援

D. 消防救援机构统一组织和指挥火灾现场扑救，应当优先保障国家财产安全

40. 根据《中华人民共和国安全生产法》，生产、经营、储存、使用危险用品的车间、仓库不得与（　　）在同一建筑内，并应与其保持安全距离。

A. 安全教育室　　　　　　B. 员工宿舍

C. 工间休息室　　　　　　D. 机柜间

41. 《国家安全监管总局关于加强化工过程安全管理的指导意见》（安监总管三〔2013〕88号）要求，化工企业要落实危险作业安全管理责任。危险作业现场（　　）要熟悉作业范围内的工艺、设备和物料状态，具备应急救援和处置

能力。作业过程中，管理人员要加强现场监督检查，严禁（　　）擅离现场。

  A. 管理人员，监护人员　　　　B. 监护人员，管理人员

  C. 监护人员，监护人员　　　　D. 管理人员，管理人员

42. 根据《安全色》（GB 2893—2008），安全色分为（　　）4 种颜色。

  A. 红、橙、黄、蓝　　　　　　B. 红、青、蓝、绿

  C. 红、蓝、黑、绿　　　　　　D. 红、蓝、黄、绿

43. 根据《中华人民共和国安全生产法》，生产经营单位的安全管理人员必须根据该单位的安全经营特点，对安全生产状况进行（　　）。

  A. 每月一次检查　　　　　　　B. 每季度一次检查

  C. 每半月一次检查　　　　　　D. 经常性检查

44. 《"十四五"危险化学品安全生产规划方案》的首要目标是（　　）。

  A. 落实安全生产责任制　　　　B. 较大事故总量明显下降

  C. 遏制重特大事故　　　　　　D. 提升本质安全水平

45. 《"十四五"危险化学品安全生产规划方案》明确 2025 年的具体目标，其中化工事故起数和死亡人数、较大及以上事故起数和死亡人数比"十三五"时期下降（　　）以上。

  A. 10%　　　B. 15%　　　C. 20%　　　D. 25%

46. 根据《"十四五"危险化学品安全生产规划方案》，危险化学品使用环节要突出（　　）安全风险管控，健全责任体系，加大投入保障，严格落实危险化学品"一书一签"制度。

  A. 重大危险源和重点监管工艺

  B. 重点监管工艺和重点监管的危险化学品

  C. 重大危险源和重点监管的危险化学品

  D. 重大危险源和重点反应装置

47. 根据《危险化学品建设项目安全监督管理办法》（国家安全生产监督管理总局令第 79 号），安全设施设计审查申请文件、资料不齐全或者不符合要求的，应急管理部门应当自收到申请文件、资料之日起（　　）个工作日内一次性书面告知建设单位需要补正的全部内容；逾期不告知的，收到申请文件、资料之

日起即为受理。

  A. 3     B. 5     C. 10     D. 15

48. 根据《硝酸铵生产企业专项安全风险隐患排查指南（试行）》，应按照 GB 36894—2018 和 GB/T 37243—2019 中定量风险评价法的要求核算本企业硝酸铵最大存储量，在条件允许和安全风险可接受的情况下，单个仓库固体硝酸铵存储量不得超过（　　）t。

  A. 50     B. 200     C. 300     D. 500

49. 根据《硝化企业安全风险隐患排查指南（试行）》，涉及硝化物的浓缩、干燥、萃取、中和、储存等工艺过程的温度与加热、冷却形成报警和联锁关系，温度超标时，应能（　　），并适时启动紧急处置措施。

  A. 紧急停车       B. 自动切断加热

  C. 报警         D. 自动处置

50. 根据《危险化学品生产建设项目安全风险防控指南（试行）》（应急〔2022〕52 号），在试生产环节，（　　）应组织专家对试生产方案进行论证，对试生产条件进行确认。

  A. 设计单位   B. 建设单位   C. 施工单位   D. 应急管理部门

51. 根据《危险化学品生产建设项目安全风险防控指南（试行）》（应急〔2022〕52 号），属于国内首次使用的化工工艺，应经过（　　）人民政府有关部门组织的安全可靠性论证。

  A. 县级         B. 设区的市级

  C. 市级         D. 省级

52. 根据《危险化学品生产建设项目安全风险防控指南（试行）》（应急〔2022〕52 号），负责组织建设项目安全设施竣工验收的单位是（　　）。

  A. 建设单位   B. 施工单位   C. 设计单位   D. 安全评价机构

53. 根据《危险化学品生产建设项目安全风险防控指南（试行）》（应急〔2022〕52 号），建设项目安全审查由（　　）申请，由（　　）依法分级负责实施。

  A. 建设单位，工信部门      B. 建设单位，应急管理部门

C. 设计单位，应急管理部门　　D. 安评机构，生态环境部门

54. 根据《化工过程安全管理导则》（AQ/T 3034—2022），在建设项目基础设计阶段应开展危险和可操作性分析（HAZOP），涉及"两重点一重大"建设项目的工艺包设计文件应包括工艺危险性分析报告，（　　）应提供装置的主要风险清单。

A. 施工单位　　B. 设计单位　　C. 监理单位　　D. 总承包单位

55. 根据《化工过程安全管理导则》（AQ/T 3034—2022），气密试验前应用盲板将气密试验系统与其他系统隔离，明确系统气密试验的（　　）等级，严禁超压；需对气密试验中发现的问题进行处理时，应先泄压，再进行处理。

A. 工作压力　　　　　　　　B. 最高压力

C. 1.5 倍工作压力　　　　　D. 设计压力

56. 根据《化工过程安全管理导则》（AQ/T 3034—2022），涉及易燃易爆有毒有害介质的装置（设施），应在现场安装相关气体探测器，重点部位应（　　），并定期标定各类泄漏检测报警仪表，确保仪表显示准确、有效。

A. 加装气体探测器　　　　　B. 独立设置

C. 安装防爆设备　　　　　　D. 安装视频监控设备

57. 根据《化工过程安全管理导则》（AQ/T 3034—2022），涉及爆炸性危险化学品的生产装置和储存设施，应采用（　　）确定其影响范围。

A. 事故后果法　　　　　　　B. 定量风险评价法

C. HAZOP　　　　　　　　　　D. 保护层分析

58. 根据《化工过程安全管理导则》（AQ/T 3034—2022），在具有火灾爆炸风险的重大危险源罐区内动火应按（　　）动火作业管理。

A. 特级　　B. 一级　　C. 二级　　D. 三级

59. 根据《化工过程安全管理导则》（AQ/T 3034—2022），企业应定期评估承包商（　　），及时淘汰业绩不达标的承包商，优化承包商资源。

A. 工作业绩　　B. 安全业绩　　C. 工作进度　　D. 工作质量

## 二、多项选择题

1. 2013年11月24日，习近平总书记赴青岛黄岛经济开发区考察输油管线泄漏引发爆燃事故抢险工作，并作出重要指示。下列属于习近平总书记指示内容的是（    ）。

    A. 要牢固树立安全发展理念，始终把人民群众生命安全放在第一位

    B. 要加大安全生产指标考核权重

    C. 实行安全生产和重大安全生产事故风险"一票否决"

    D. 要抓紧建立健全安全生产责任体系，党政一把手必须亲力亲为、亲自动手抓

2. 下列属于习近平总书记有关安全生产重要指示的是（    ）。

    A. 所有企业都必须认真履行安全生产主体责任，做到安全投入到位、安全培训到位、基础管理到位、应急救援到位，确保安全生产

    B. 安全生产大检查要做到"全覆盖、零容忍、严执法、重实效"

    C. 安全生产大检查要采用不发通知、不打招呼、不听汇报、不用陪同和接待，直奔基层、直插现场，暗查暗访的方式

    D. 要做到"一厂出事故、万厂受教育，一地有隐患、全国受警示"

3. 下列关于安全与发展关系的论述，正确的是（    ）。

    A. 安全和发展是一体之两翼、驱动之双轮

    B. 安全是发展的前提，发展是安全的保障

    C. 要统筹发展和安全两件大事

    D. 必须牢固树立"不能要带血的GDP"的理念

4. "三个必须"是界定部门安全生产责任的重要原则，下列属于"三个必须"内容的是（    ）。

    A. 管行业必须管安全            B. 管业务必须管安全

    C. 管生产经营必须管安全        D. 管人员必须管安全

5. 根据《中华人民共和国安全生产法》，生产经营单位应当按照国家有关规定将本单位重大危险源信息备案。下列关于备案的表述，正确的是（    ）。

A. 报有关地方人民政府应急管理部门和有关部门备案

B. 将重大危险源有关安全措施进行备案

C. 报市级以上人民政府公安机关备案

D. 将重大危险源有关应急措施进行备案

6. 根据《中华人民共和国安全生产法》，下列关于生产经营单位重大危险源管理要求的表述，正确的是（  ）。

A. 生产经营单位对重大危险源应当登记建档

B. 生产经营单位对重大危险源应当定期检测

C. 生产经营单位对本单位重大危险源未制定应急预案的，责令限期改正，处 5 万元以下的罚款

D. 生产经营单位对本单位重大危险源未进行定期检测、评估的，责令限期改正，处 10 万元以下的罚款

7. 根据《中华人民共和国安全生产法》，生产经营单位应当具备的安全生产条件所必需的资金投入，由（  ）予以保证，并对由于安全生产所必需的资金投入不足导致的后果承担责任。

A. 生产经营单位的决策机构   B. 生产经营单位的主要负责人

C. 个人经营的投资人      D. 生产经营单位的管理人员

8. 根据《中华人民共和国安全生产法》，下列关于企业应急管理要求的表述，正确的是（  ）。

A. 应当制定本单位生产安全事故应急救援预案

B. 与所在地县级以上地方人民政府组织制定的生产安全事故应急救援预案相衔接

C. 定期组织应急演练

D. 中大型的危险物品的生产、经营、储存单位应当建立应急救援组织

9. 根据《危险化学品安全管理条例》，下列关于危险化学品仓库安全管理的表述，正确的是（  ）。

A. 危险化学品应当储存在专用仓库、专用场地或者专用储存室内

B. 危险化学品由专人负责管理

C. 剧毒化学品以及储存数量构成重大危险源的其他危险化学品，应当在专用仓库内单独存放

D. 储存危险化学品的单位应当建立危险化学品出入库核查、登记制度

10. 根据《危险化学品安全管理条例》，下列关于危险化学品事故发生后应急救援的表述，正确的是（　　）。

A. 事故单位主要负责人应当立即按照本单位危险化学品应急预案组织救援

B. 向当地应急管理部门和环境保护、公安、卫生主管部门报告

C. 水路运输过程中发生危险化学品事故的，船员或者押运人员还应当向事故发生地交通运输主管部门报告

D. 道路运输过程中发生危险化学品事故的，驾驶人员或者押运人员还应当向事故发生地交通运输主管部门报告

11. 根据《生产安全事故应急条例》，下列关于生产安全事故应急救援预案管理的表述，正确的是（　　）。

A. 生产经营单位应当针对本单位可能发生的生产安全事故的特点和危害，进行风险辨识和评估，制定相应的生产安全事故应急救援预案

B. 应当将应急救援预案向本单位从业人员公布

C. 应急救援预案应当符合有关法律、法规、规章和标准的规定

D. 应急救援预案应当明确规定应急组织体系、职责分工以及应急救援程序和措施

12. 根据《生产安全事故应急条例》，生产安全事故应急救援预案制定单位应当及时修订相关预案，下列属于应当及时修订预案的情形的是（　　）。

A. 制定预案所依据的法律、法规、规章、标准发生重大变化

B. 应急指挥机构及其职责发生调整

C. 安全生产面临的风险发生重大变化

D. 重要应急资源发生变化

13. 根据《生产安全事故应急条例》，下列关于危险化学品的生产、经营、储存、运输单位生产安全事故应急救援预案演练要求的表述，正确的是（　　）。

A. 应当至少每半年组织 1 次生产安全事故应急救援预案演练

B. 应当将演练情况报送所在地县级以上地方人民政府负有安全生产监督管理职责的部门

C. 应当至少每年组织 1 次生产安全事故应急救援预案演练

D. 应当将演练情况报送所在地市级以上地方人民政府负有安全生产监督管理职责的部门

14. 根据《危险化学品生产建设项目安全风险防控指南》（应急〔2022〕52号），危险化学品项目建设单位应按照法规标准要求开展试生产阶段的安全审查，做好试生产阶段的风险防控工作，做好"三查四定"。其中"三查"包括（　　）。

A. 查设计漏项　　　　　　B. 查工程质量及隐患

C. 查未完工程量　　　　　D. 查风险

15. 下列属于《中华人民共和国安全生产法》对企业安全责任要求的是（　　）。

A. 必须遵守《中华人民共和国安全生产法》和其他有关安全生产的法律、法规

B. 建立健全全员安全生产责任制和安全生产规章制度

C. 加大对安全生产资金、物资、技术、人员的投入保障力度，改善安全生产条件

D. 构建安全风险分级管控和隐患排查治理双重预防机制，健全风险防范化解机制

16. 根据《中华人民共和国安全生产法》，下列关于全员安全生产责任制的表述，正确的是（　　）。

A. 全员安全生产责任制应当明确各岗位的责任人员

B. 全员安全生产责任制应当明确各岗位的责任范围和考核标准

C. 生产经营单位应当建立相应的机制，加强对全员安全生产责任制落实情况的监督考核

D. 全员安全生产责任制是企业岗位责任制的一个重要组成部分

17. 根据《"十四五"危险化学品安全生产规划方案》，下列（　　）精细化工生产工艺需要建立全流程安全风险评估机制。

A. 硝化、氯化、氧化　　　　B. 氯化、氟化

C. 硝化、重氮化、过氧化　　D. 氯化、加氢、过氧化

18. 适用《危险化学品建设项目安全监督管理办法》（国家安全生产监督管理总局令第 79 号）安全管理及其监督管理的项目有（　　）。

A. 危险化学品生产、储存的建设项目

B. 危险化学品的勘探、开采及其辅助的储存

C. 伴有危险化学品产生的化工建设项目

D. 危险化学品长输管道建设项目

19. 根据《危险化学品建设项目安全监督管理办法》（国家安全生产监督管理总局令第 79 号），建设项目有下列（　　）情形之一的，安全条件审查不予通过。

A. 安全评价报告存在重大缺陷、漏项的，包括建设项目主要危险、有害因素辨识和评价不全或者不准确的

B. 主要技术、工艺未确定，或者不符合有关安全生产法律、法规、规章和国家标准、行业标准的

C. 国内首次使用的化工工艺，经过省级人民政府有关部门组织的安全可靠性论证的

D. 隐瞒有关情况或者提供虚假文件、资料的

20. 根据《苯乙烯安全风险隐患排查指南（试行）》，下列表述正确的是（　　）。

A. 苯乙烯储罐应采用氮封系统，并处于投用状态

B. 涉及苯乙烯的现场压力仪表与远传压力表应共用一个引压点

C. 苯乙烯取样应采用循环密闭采样系统

D. 涉及苯乙烯介质的输送应选用无泄漏泵

21. 根据《重氮化企业安全风险隐患排查指南（试行）》，下列表述正确的是（　　）。

A. 涉及重氮化工艺的精细化工生产装置，应开展全流程反应安全风险评估

B. 涉及重氮化滤渣的危废库房内须设置强制通风、红外热成像监测报警和视频监控等安全设施

C. 生产装置和储存设施的自动化系统装备投用率应达到80%

D. 涉及重氮盐干燥的设备应配置温度测量、加热热源开关、惰性气体保护的联锁装置

22. 根据《危险化学品生产建设项目安全风险防控指南（试行）》（应急〔2022〕52号），对涉及"两重点一重大"的建设项目，由设区的市级以上政府投资主管部门牵头，组织（　　）等有关部门，对建设项目进行决策咨询服务，形成决策意见。

  A. 工业和信息化    B. 生态环境

  C. 自然资源    D. 应急管理

23. 根据《化工过程安全管理导则》（AQ/T 3034—2022），在建设项目前期论证或可行性研究阶段，相关单位及人员应开展危害辨识，分析拟建项目存在的工艺危害，当地（　　）对拟建项目的影响，以及拟建项目可能发生的泄漏、火灾、爆炸、中毒等事故对周边防护目标的影响。

  A. 自然地理条件    B. 自然灾害

  C. 周边设施    D. 经济

### 三、判断题

1. 生产经营单位可以设置专职安全生产分管负责人，替代本单位主要负责人履行安全生产管理职责。（　　）

2. 某化工企业发生火灾，为保护设备不受损害，总工程师刘某强令作业人员冒险进入火场抢救，结果造成5人死亡。根据《中华人民共和国刑法》有关规定，刘某的违法情节属特别恶劣，刘某应当被判处的刑罚是5年以上有期徒刑。

（　　）

3. 对涉及安全生产的事项未经依法批准或者许可，擅自从事危险物品生产、经营、储存等高度危险的生产作业活动，具有发生重大伤亡事故或者其他严重后果的现实危险的责任人，可处3年以下有期徒刑、拘役或者管制。（　　）

4. 小型、微型的危险化学品的生产、经营、储存、运输单位也应建立应急救援队伍。（　）

5. 工业园区、开发区等产业聚集区域内的生产经营单位，不可以联合建立应急救援队伍。（　）

6. 规模较大、危险性较高的易燃易爆物品、危险化学品等危险物品的生产、经营、储存、运输单位应当成立应急处置技术组，实行 24 h 应急值班。（　）

7. 危险化学品生产企业主要负责人、分管安全生产负责人必须具有化工类专业大专及以上学历和一定实践经验。（　）

8. 某化工公司进行受限空间作业施工，李某作为项目经理违反安全管理规定安排工人作业，造成 2 名工人死亡。根据《中华人民共和国刑法》及相关司法解释，李某的行为涉嫌构成重大劳动安全事故罪。（　）

9. 《"十四五"危险化学品安全生产规划方案》要求抓好"一园一策"整改提升措施落地，推动化工园区全部达到一般或较低安全风险等级。（　）

10. 根据《危险化学品建设项目安全监督管理办法》（国家安全生产监督管理总局令第 79 号），委托实施安全审查的，审查结果由委托的应急管理部门负责；跨省、自治区、直辖市的建设项目和生产剧毒化学品的建设项目，不得委托实施安全审查。（　）

11. 根据《危险化学品建设项目安全监督管理办法》（国家安全生产监督管理总局令第 79 号），建设项目试生产期限应当不少于 30 日，不超过半年。（　）

12. 根据《危险化学品建设项目安全监督管理办法》（国家安全生产监督管理总局令第 79 号），建设项目安全验收评价报告应当符合《危险化学品建设项目安全评价细则》的要求。（　）

13. 根据《光气企业安全风险隐患排查指南（试行）》，严禁在光气及光气化生产装置内设置控制室、办公室、休息室，可设置不经常使用的交接班室、外操室或巡检室。（　）

14. 根据《有机硅企业安全风险隐患排查指南（试行）》，硅粉加工除尘系统宜采用惰性防爆的工艺，布袋除尘器应采用空气反吹。（　）

15. 根据《丁二烯安全风险隐患排查指南（试行）》，构成一级、二级重大危险源的丁二烯罐区应配备独立的安全仪表系统（SIS）。切断阀应采用故障安全型，并处于投用状态。（  ）

16. 《危险化学品生产建设项目安全风险防控指南（试行）》（应急〔2022〕52 号）只适用于新建项目。（  ）

## 参考答案及解析

### 一、单项选择题

1. A

【解析】2013 年 11 月 24 日，习近平总书记赴青岛黄岛经济开发区考察输油管线泄漏引发爆燃事故抢险工作，并作出重要指示。习近平总书记指出，各级党委和政府、各级领导干部要牢固树立安全发展理念，始终把人民群众生命安全放在第一位。要加大安全生产指标考核权重，实行安全生产和重大安全生产事故风险"一票否决"。

2. A

【解析】根据《中共中央 国务院关于推进安全生产领域改革发展的意见》要求，明确地方党委和政府领导责任。坚持党政同责、一岗双责、齐抓共管、失职追责，完善安全生产责任体系。地方各级党委和政府要始终把安全生产摆在重要位置，加强组织领导。党政主要负责人是本地区安全生产第一责任人，班子其他成员对分管范围内的安全生产工作负领导责任。地方各级安全生产委员会主任由政府主要负责人担任，成员由同级党委和政府及相关部门负责人组成。

3. A

【解析】根据《中华人民共和国安全生产法》第三条规定，安全生产工作实行管行业必须管安全、管业务必须管安全、管生产经营必须管安全，强化和落实生产经营单位主体责任与政府监管责任，建立生产经营单位负责、职工参与、政府监管、行业自律和社会监督的机制。

4. C

【解析】根据《中华人民共和国安全生产法》第三十八条规定，国家对严重危及生产安全的工艺、设备实行淘汰制度。生产经营单位不得使用应当淘汰的危及生产安全的工艺、设备。

5. C

【解析】根据《中华人民共和国安全生产法》第三十六条规定，生产经营单位必须对安全设备进行经常性维护、保养，并定期检测，保证正常运转。生产经营单位不得关闭、破坏直接关系生产安全的监控、报警、防护、救生设备、设施，或者篡改、隐瞒、销毁其相关数据、信息。第九十九条规定，未对安全设备进行经常性维护、保养和定期检测的，或者关闭、破坏直接关系生产安全的监控、报警、防护、救生设备、设施，或者篡改、隐瞒、销毁其相关数据、信息的生产经营单位，责令限期改正，处 5 万元以下的罚款；逾期未改正的，处 5 万元以上 20 万元以下的罚款，对其直接负责的主管人员和其他直接责任人员处 1 万元以上 2 万元以下的罚款；情节严重的，责令停产停业整顿；构成犯罪的，依照刑法有关规定追究刑事责任。

6. D

【解析】根据《中华人民共和国安全生产法》第四十条规定，生产经营单位对重大危险源应当登记建档，进行定期检测、评估、监控，并制定应急预案，告知从业人员和相关人员在紧急情况下应当采取的应急措施。

7. D

【解析】根据《中华人民共和国安全生产法》第二十八条规定，生产经营单位应当对从业人员进行安全生产教育和培训，保证从业人员具备必要的安全生产知识，熟悉有关的安全生产规章制度和安全操作规程，掌握本岗位的安全操作技能，了解事故应急处理措施，知悉自身在安全生产方面的权利和义务。未经安全生产教育和培训合格的从业人员，不得上岗作业。根据《生产经营单位安全培训规定》（国家安全生产监督管理总局令第 80 号）第十三条规定，煤矿、非煤矿山、危险化学品、烟花爆竹、金属冶炼等生产经营单位新上岗的从业人员安全培训时间不得少于 72 学时，每年再培训的时间不得少于 20 学时。

8. A

【解析】根据《中华人民共和国安全生产法》第二十八条规定，生产经营单位使用被派遣劳动者的，应当将被派遣劳动者纳入本单位从业人员统一管理，对被派遣劳动者进行岗位安全操作规程和安全操作技能的教育和培训。

9. D

【解析】根据《中华人民共和国安全生产法》第一百零一条规定，生产经营单位进行爆破、吊装、动火、临时用电以及国务院应急管理部门会同国务院有关部门规定的其他危险作业，未安排专门人员进行现场安全管理的，责令限期改正，处10万元以下的罚款；逾期未改正的，责令停产停业整顿，并处10万元以上20万元以下的罚款，对其直接负责的主管人员和其他直接责任人员处2万元以上5万元以下的罚款；构成犯罪的，依照刑法有关规定追究刑事责任。

10. A

【解析】根据《中华人民共和国安全生产法》第一百零一条规定，生产经营单位对重大危险源未登记建档，未进行定期检测、评估、监控，未制定应急预案，或者未告知应急措施的，责令限期改正，处10万元以下的罚款；逾期未改正的，责令停产停业整顿，并处10万元以上20万元以下的罚款，对其直接负责的主管人员和其他直接责任人员处2万元以上5万元以下的罚款；构成犯罪的，依照刑法有关规定追究刑事责任。

11. A

【解析】根据《中华人民共和国安全生产法》第二十四条规定，矿山、金属冶炼、建筑施工、道路运输单位和危险物品的生产、经营、储存单位，应当设置安全生产管理机构或者配备专职安全生产管理人员。

12. B

【解析】根据《中华人民共和国安全生产法》第四十三条规定，生产经营单位进行爆破、吊装、动火、临时用电以及国务院应急管理部门会同国务院有关部门规定的其他危险作业，应当安排专门人员进行现场安全管理，确保操作规程的遵守和安全措施的落实。该题中，甲建筑公司为进行吊装作业的生产经营单位，因此 B 选项正确。

13. B

【解析】根据《中华人民共和国安全生产法》第四十八条规定，两个以上生产经营单位在同一作业区域内进行生产经营活动，可能危及对方生产安全的，应当签订安全生产管理协议，明确各自的安全生产管理职责和应当采取的安全措施，并指定专职安全生产管理人员进行安全检查与协调。

14. C

【解析】根据《中华人民共和国安全生产法》第四十九条规定，生产经营单位不得将生产经营项目、场所、设备发包或者出租给不具备安全生产条件或者相应资质的单位或者个人。生产经营项目、场所发包或者出租给其他单位的，生产经营单位应当与承包单位、承租单位签订专门的安全生产管理协议，或者在承包合同、租赁合同中约定各自的安全生产管理职责；生产经营单位对承包单位、承租单位的安全生产工作统一协调、管理，定期进行安全检查，发现安全问题的，应当及时督促整改。对照分析得出①正确、②④错误。根据《中华人民共和国安全生产法》第四十六条规定，生产经营单位的安全生产管理人员应当根据本单位的生产经营特点，对安全生产状况进行经常性检查；对检查中发现的安全问题，应当立即处理。甲公司也属于生产经营单位，据此③正确。因此 C 选项正确。

15. D

【解析】根据《中华人民共和国安全生产法》第八十三条规定，生产经营单位发生生产安全事故后，事故现场有关人员应当立即报告本单位负责人。单位负责人接到事故报告后，应当迅速采取有效措施，组织抢救，防止事故扩大，减少人员伤亡和财产损失，并按照国家有关规定，如实报告当地负有安全生产监督管理职责的部门，不得隐瞒不报、谎报或者迟报，不得故意破坏事故现场、毁灭有关证据。

16. C

【解析】根据《中华人民共和国安全生产法》第七十条规定，负有安全生产监督管理职责的部门依法对存在重大事故隐患的生产经营单位作出停产停业、停止施工、停止使用相关设施或者设备的决定，生产经营单位应当依法执行，及时消除事故隐患。生产经营单位拒不执行，有发生生产安全事故的现实危险的，在保证安全的前提下，经本部门主要负责人批准，负有安全生产监督管理职责的部门可以采取通知有关单位停止供电、停止供应民用爆炸物品等措施，强制生产经营单位履行决定。通知应当采用书面形式，有关单位应当予以配合。负有安全生产监督管理职责的部门依照前款规定采取停止供电措施，除有危及生产安全的紧急情形外，应当提前24 h通知生产经营单位。生产经营单位依法履行行政决定、采取相应措施消除事故隐患的，负有安全生产监督管理职责的部门应当及时解除前款规定的措施。

17．D

【解析】根据《中华人民共和国安全生产法》第六十五条规定，应急管理部门和其他负有安全生产监督管理职责的部门依法开展安全生产行政执法工作，对生产经营单位执行有关安全生产的法律、法规和国家标准或者行业标准的情况进行监督检查，行使以下职权：

（1）进入生产经营单位进行检查，调阅有关资料，向有关单位和人员了解情况；

（2）对检查中发现的安全生产违法行为，当场予以纠正或者要求限期改正；对依法应当给予行政处罚的行为，依照本法和其他有关法律、行政法规的规定作出行政处罚决定；

（3）对检查中发现的事故隐患，应当责令立即排除；重大事故隐患排除前或者排除过程中无法保证安全的，应当责令从危险区域内撤出作业人员，责令暂时停产停业或者停止使用相关设施、设备；重大事故隐患排除后，经审查同意，方可恢复生产经营和使用；

（4）对有根据认为不符合保障安全生产的国家标准或者行业标准的设施、设备、器材以及违法生产、储存、使用、经营、运输的危险物品予以查封或者扣押，对违法生产、储存、使用、经营危险物品的作业场所予以查封，并依法作出处理决定。监督检查不得影响被检查单位的正常生产经营活动。

对照可知，检查发现安全设备使用不符合国家标准的，应予以查封或者扣押，因此D选项错误。

18．A

【解析】根据《中华人民共和国刑法》第一百三十五条规定，构成重大劳动安全事故罪是指安全生产设施或者安全生产条件不符合国家规定，因而发生重大伤亡事故或者造成其他严重后果，对直接负责的主管人员和其他直接责任人员，处 3 年以下有期徒刑或者拘役；情节特别恶劣的，处 3 年以上 7 年以下有期徒刑。

19. D

【解析】根据《中华人民共和国刑法》第一百三十六条规定，构成危险物品肇事罪是指违反爆炸性、易燃性、放射性、毒害性、腐蚀性物品的管理规定，在生产、储存、运输、使用中发生重大事故，造成严重后果的，处 3 年以下有期徒刑或者拘役；后果特别严重的，处 3 年以上 7 年以下有期徒刑。

20. B

【解析】根据《危险化学品安全管理条例》第二十四条规定，危险化学品应当储存在专用仓库、专用场地或者专用储存室（统称专用仓库）内，并由专人负责管理；剧毒化学品以及储存数量构成重大危险源的其他危险化学品，应当在专用仓库内单独存放，并实行双人收发、双人保管制度。危险化学品的储存方式、方法以及储存数量应当符合国家标准或者国家有关规定。

21. C

【解析】根据《危险化学品安全管理条例》第二十条规定，生产、储存危险化学品的单位，应当根据其生产、储存的危险化学品的种类和危险特性，在作业场所设置相应的监测、监控、通风、防晒、调温、防火、灭火、防爆、泄压、防毒、中和、防潮、防雷、防静电、防腐、防泄漏以及防护围堤或者隔离操作等安全设施、设备，并按照国家标准、行业标准或者国家有关规定对安全设施、设备进行经常性维护、保养，保证安全设施、设备的正常使用。应当在其作业场所和安全设施、设备上设置明显的安全警示标志。

22. C

【解析】根据《危险化学品安全管理条例》第十九条规定，危险化学品生产装置或者储存数量构成重大危险源的危险化学品储存设施（运输工具、加油站、加气站除外），与下列场所、设施、区域的距离应当符合国家有关规定：

（1）居住区以及商业中心、公园等人员密集场所；

（2）学校、医院、影剧院、体育场（馆）等公共设施；

（3）饮用水源、水厂以及水源保护区；

（4）车站、码头（依法经许可从事危险化学品装卸作业的除外）、机场以及通信干线、通信枢纽、铁路线路、道路交通干线、水路交通干线、地铁风亭以及地铁站出入口；

（5）基本农田保护区、基本草原、畜禽遗传资源保护区、畜禽规模化养殖场（养殖小区）、渔业水域以及种子、种畜禽、水产苗种生产基地；

（6）河流、湖泊、风景名胜区、自然保护区；

（7）军事禁区、军事管理区；

（8）法律、行政法规规定的其他场所、设施、区域。

23．B

【解析】根据《危险化学品重大危险源监督管理暂行规定》（国家安全生产监督管理总局令第 40 号）第十一条规定，有下列情形之一的，危险化学品单位应当对重大危险源重新进行辨识、安全评估及分级：

（1）重大危险源安全评估已满 3 年的；

（2）构成重大危险源的装置、设施或者场所进行新建、改建、扩建的；

（3）危险化学品种类、数量、生产、使用工艺或者储存方式及重要设备、设施等发生变化，影响重大危险源级别或者风险程度的；

（4）外界生产安全环境因素发生变化，影响重大危险源级别和风险程度的；

（5）发生危险化学品事故造成人员死亡，或者 10 人以上受伤，或者影响到公共安全的；

（6）有关重大危险源辨识和安全评估的国家标准、行业标准发生变化的。

24．D

【解析】根据《危险化学品重大危险源监督管理暂行规定》（国家安全生产监督管理总局令第 40 号）第二十七条规定，重大危险源经过安全评价或者安全评估不再构成重大危险源的，危险化学品单位应当向所在地县级人民政府安全生产监督管理部门申请核销。申请核销重大危险源应当提交下列文件、资料：

(1) 载明核销理由的申请书；

(2) 单位名称、法定代表人、住所、联系人、联系方式；

(3) 安全评价报告或者安全评估报告。

25．D

【解析】根据《危险化学品安全管理条例》第二十五条规定，对剧毒化学品以及储存数量构成重大危险源的其他危险化学品，储存单位应当将其储存数量、储存地点以及管理人员的情况，报所在地县级人民政府安全生产监督管理部门（在港区内储存的，报港口行政管理部门）和公安机关备案。

26．C

【解析】根据《危险化学品安全管理条例》第十三条规定，生产、储存危险化学品的单位，应当对其铺设的危险化学品管道设置明显标志，并对危险化学品管道定期检查、检测。进行可能危及危险化学品管道安全的施工作业，施工单位应当在开工的7日前书面通知管道所属单位，并与管道所属单位共同制定应急预案，采取相应的安全防护措施。管道所属单位应当指派专门人员到现场进行管道安全保护指导。

27．D

【解析】根据《危险化学品安全管理条例》第十五条规定，危险化学品生产企业应当提供与其生产的危险化学品相符的化学品安全技术说明书，并在危险化学品包装（包括外包装件）上粘贴或者拴挂与包装内危险化学品相符的化学品安全标签。化学品安全技术说明书和化学品安全标签所载明的内容应当符合国家标准的要求。危险化学品生产企业发现其生产的危险化学品有新的危险特性的，应当立即公告，并及时修订其化学品安全技术说明书和化学品安全标签。

28．A

【解析】根据《危险化学品安全管理条例》第二十二条规定，生产、储存危险化学品的企业，应当委托具备国家规定的资质条件的机构，对本企业的安全生产条件每3年进行一次安全评价，提出安全评价报告。

29．D

【解析】根据《危险化学品安全管理条例》第十七条规定，危险化学品的包装应当符合法律、行政法规、规章的规定以及国家标准、行业标准的要求。危险化学品包装物、容器的材质以及危险化学品包装的型式、规格、方法和单件质量（重量），应当与所包装的危险化学品的性质和用途相适应。根据《危险化学品安全管理条例》第十八条规定，对重复使用的危险化学品包装物、容器，使用单位在重复使用前应当进行检查；发现存在安全隐患的，应当维修或者更换。使用单位应当对检查情况作出记录，记录的保存期限不得少于2年。

30. D

【解析】根据《危险化学品安全管理条例》第二十三条规定，生产、储存剧毒化学品或者国务院公安部门规定的可用于制造爆炸物品的危险化学品（简称易制爆危险化学品）的单位，应当如实记录其生产、储存的剧毒化学品、易制爆危险化学品的数量、流向，并采取必要的安全防范措施，防止剧毒化学品、易制爆危险化学品丢失或者被盗；发现剧毒化学品、易制爆危险化学品丢失或者被盗的，应当立即向当地公安机关报告。生产、储存剧毒化学品、易制爆危险化学品的单位，应当设置治安保卫机构，配备专职治安保卫人员。

31. D

【解析】根据《中华人民共和国安全生产法》第五条规定，生产经营单位的主要负责人是本单位安全生产第一责任人，对本单位的安全生产工作全面负责。其他负责人对职责范围内的安全生产工作负责。第二十五条规定，生产经营单位可以设置专职安全生产分管负责人，协助本单位主要负责人履行安全生产管理职责。

32. C

【解析】根据《中华人民共和国安全生产法》第九十七条规定，生产经营单位存在特种作业人员未按照规定经专门的安全作业培训并取得相应资格，上岗作业的，责令限期改正，处10万元以下的罚款；逾期未改正的，责令停产停业整顿，并处10万元以上20万元以下的罚款，对其直接负责的主管人员和其他直接责任人员处2万元以上5万元以下的罚款。

33. C

【解析】根据《中华人民共和国安全生产法》第五十三条规定，生产经营单位的从业人员有权了解其作业场所和工作岗位存在的危险因素、防范措施及事故应急措施，有权对本单位的安全生产工作提出建议。第五十七条规定，从业人员在作业过程中，应当严格遵守本单位的安全生产规章制度和操作规程，服从管理，正确佩戴和使用劳动防护用品。第五十八条规定，从业人员应当接受安全生产教育和培训，掌握本职工作所需的安全生产知识，提高安全生产技能，增强事故预防和应急处理能力。第六十一条规定，生产经营单位使用被派遣劳动者的，被派遣劳动者享有本法规定的从业人员的权利，并应当履行本法规定的从业人员的义务。

34. D

【解析】根据《中华人民共和国刑法》第一百三十五条规定，构成重大劳动安全事故罪是指安全生产设施或者安全生产条件不符合国家规定，发生重大伤亡事故或者造成其他严重后果，对直接负责的主管人员和其他直接责任人员处 3 年以下有期徒刑或者拘役，情节特别恶劣的，处 3 年以上 7 年以下有期徒刑。

35. D

【解析】根据《中华人民共和国安全生产法》第二十五条规定，生产经营单位的安全生产管理机构以及安全生产管理人员履行下列职责：

（1）组织或者参与拟订本单位安全生产规章制度、操作规程和生产安全事故应急救援预案；

（2）组织或者参与本单位安全生产教育和培训，如实记录安全生产教育和培训情况；

（3）组织开展危险源辨识和评估，督促落实本单位重大危险源的安全管理措施；

（4）组织或者参与本单位应急救援演练；

（5）检查本单位的安全生产状况，及时排查生产安全事故隐患，提出改进安全生产管理的建议；

（6）制止和纠正违章指挥、强令冒险作业、违反操作规程的行为；

（7）督促落实本单位安全生产整改措施。

36. A

【解析】根据《危险化学品重大危险源监督管理暂行规定》（国家安全生产

监督管理总局令第 40 号）第三十二条规定，危险化学品单位有下列行为之一的，由县级以上人民政府安全生产监督管理部门责令限期改正，可以处 10 万元以下的罚款；逾期未改正的，责令停产停业整顿，并处 10 万元以上 20 万元以下的罚款，对其直接负责的主管人员和其他直接责任人员处 2 万元以上 5 万元以下的罚款；构成犯罪的，依照刑法有关规定追究刑事责任：

（1）未按照该规定要求对重大危险源进行安全评估或者安全评价的；

（2）未按照该规定要求对重大危险源进行登记建档的；

（3）未按照该规定及相关标准要求对重大危险源进行安全监测监控的；

（4）未制定重大危险源事故应急预案的。

37. C

【解析】A 选项错误，该选项应为企业主要负责人的职责。B 选项错误，危险化学品生产企业属于高危行业企业，赵某初次接受安全教育培训时间应为至少 48 学时。C 选项正确，赵某为该公司的安全生产管理人员，该选项为企业安全生产管理人员的职责。D 选项错误，根据《生产安全事故应急预案管理办法》（应急管理部令第 2 号）第二十四条规定，生产经营单位的应急预案经评审或者论证后，由该单位主要负责人签署，向该单位从业人员公布，并及时发放到该单位有关部门、岗位和相关应急救援队伍。

38. B

【解析】根据《特种作业人员安全技术培训考核管理规定》（国家安全生产监督管理总局令第 80 号）第四十一条规定，特种作业人员伪造、涂改特种作业操作证或者使用伪造的特种作业操作证的，给予警告，并处 1 000 元以上 5 000 元以下的罚款。

39. C

【解析】根据《中华人民共和国消防法》第四十三条规定，县级以上地方人民政府应当组织有关部门针对本行政区域内的火灾特点制定应急预案，建立应急反应和处置机制，为火灾扑救和应急救援工作提供人员、装备等保障。第四十四条规定，任何单位、个人都应当无偿为报警提供便利，不得阻拦报警。任何单位发生火灾，必须立即组织力量扑救。邻近单位应当给予支援。第四十五条规定，消防救援机构统一组织和指挥火灾现场扑救，应当优先保障遇险人员的生命安全。

40．B

【解析】根据《中华人民共和国安全生产法》第四十二条规定，生产、经营、储存、使用危险物品的车间、商店、仓库不得与员工宿舍在同一座建筑物内，并应当与员工宿舍保持安全距离。

41．C

【解析】根据《国家安全监管总局关于加强化工过程安全管理的指导意见》（安监总管三〔2013〕88号）第（十九）条规定，实施危险作业前，必须进行风险分析、确认安全条件，确保作业人员了解作业风险和掌握风险控制措施、作业环境符合安全要求、预防和控制风险措施得到落实。危险作业审批人员要在现场检查确认后签发作业许可证。现场监护人员要熟悉作业范围内的工艺、设备和物料状态，具备应急救援和处置能力。作业过程中，管理人员要加强现场监督检查，严禁监护人员擅离现场。

42．D

【解析】根据《安全色》（GB 2893—2008）第3.1条规定，红、蓝、黄、绿4种颜色为安全色。

43．D

【解析】根据《中华人民共和国安全生产法》第四十六条规定，生产经营单位的安全生产管理人员应当根据该单位的生产经营特点，对安全生产状况进行经常性检查；对检查中发现的安全问题，应当立即处理；不能处理的，应当及时报告该单位有关负责人，有关负责人应当及时处理。检查及处理情况应当如实记录在案。

44．C

【解析】根据《"十四五"危险化学品安全生产规划方案》第二条规定，以习近平新时代中国特色社会主义思想为指导，坚持统筹发展和安全，坚持人民至上、生命至上，以有效遏制重特大事故为首要目标。

45．B

【解析】根据《"十四五"危险化学品安全生产规划方案》第二条规定，到

2025年，化工事故起数和死亡人数、较大及以上事故起数和死亡人数比"十三五"时期下降15%以上。

46. C

【解析】根据《"十四五"危险化学品安全生产规划方案》第五条规定，突出重大危险源和重点监管的危险化学品安全风险管控，健全责任体系，加大投入保障，严格落实危险化学品"一书一签"制度。

47. B

【解析】根据《危险化学品建设项目安全监督管理办法》（国家安全生产监督管理总局令第79号）第十七条规定，建设单位申请安全设施设计审查的文件、资料齐全，符合法定形式的，安全生产监督管理部门应当当场予以受理；未经安全条件审查或者审查未通过的，不予受理。受理或者不予受理的情况，安全生产监督管理部门应当书面告知建设单位。安全设施设计审查申请文件、资料不齐全或者不符合要求的，安全生产监督管理部门应当自收到申请文件、资料之日起5个工作日内一次性书面告知建设单位需要补正的全部内容；逾期不告知的，收到申请文件、资料之日起即为受理。

48. D

【解析】根据《硝酸铵生产企业专项安全风险隐患排查指南（试行）》规定，应按照 GB 36894—2018 和 GB/T 37243—2019 中定量风险评价法的要求核算本企业硝酸铵最大存储量，在条件允许和安全风险可接受的情况下，单个仓库固体硝酸铵存储量不得超过 500 t，多个仓库固体硝酸铵合计最大存储量不得超过 2 500 t，固体硝酸铵仓库之间的间距应不小于 50 m。

49. B

【解析】根据《硝化企业安全风险隐患排查指南（试行）》规定，涉及硝化物的浓缩、干燥、萃取、中和、储存等工艺过程的温度与加热、冷却形成报警和联锁关系，温度超标时，应能自动切断加热，并适时启动紧急处置措施。

50. B

【解析】根据《危险化学品生产建设项目安全风险防控指南（试行）》（应急〔2022〕52号）第4.2.6条规定，在试生产环节，建设单位应组织专家对试生产方案进行论证，对试生产条件进行确认，确保试生产安全。建设单位应当在试生产前，将试生产方案报送所在地设区的市级和县级应急管理部门。

51. D

【解析】根据《危险化学品生产建设项目安全风险防控指南（试行）》（应急〔2022〕52号）第5.3.6条规定，新建危险化学品生产建设项目采用的生产工艺技术应当来源合法、安全可靠；属于国内首次使用的化工工艺，应经过省级人民政府有关部门组织的安全可靠性论证。

52. A

【解析】根据《危险化学品生产建设项目安全风险防控指南（试行）》（应急〔2022〕52号）第3.4条规定，建设项目安全设施竣工验收由建设单位负责依法组织实施。

53. B

【解析】根据《危险化学品生产建设项目安全风险防控指南（试行）》（应急〔2022〕52号）第3.2条规定，项目安全审查由建设单位申请，应急管理部门依法分级负责实施。

54. B

【解析】根据《化工过程安全管理导则》（AQ/T 3034—2022）第4.7.2.3条规定，在建设项目基础设计阶段应开展危险和可操作性分析（HAZOP），涉及"两重点一重大"建设项目的工艺包设计文件应包括工艺危险性分析报告，设计单位应提供装置的主要风险清单。

55. B

【解析】根据《化工过程安全管理导则》（AQ/T 3034—2022）第4.8.2条f)款规定，气密试验前应用盲板将气密试验系统与其他系统隔离，明确系统气密试验的最高压力等级，严禁超压；需对气密试验中发现的问题进行处理时，应先泄压，再进行处理。

56. D

【解析】根据《化工过程安全管理导则》（AQ/T 3034—2022）第4.10.8.4条规定，涉及易燃易爆有毒有害介质的装置（设施），应在现场安装相关气体探测器，重点部位应安装视频监控设备，并定期标定各类泄漏检测报警仪表，确保仪表显示准确、有效。

57. A

【解析】根据《化工过程安全管理导则》（AQ/T 3034—2022）第 4.12.4 条规定，涉及毒性气体、剧毒液体、易燃气体、甲类易燃液体的重大危险源，应采用定量风险评价方法进行安全评估，确定个人和社会风险值；涉及爆炸性危险化学品的生产装置和储存设施，应采用事故后果法确定其影响范围。

58. A

【解析】根据《化工过程安全管理导则》（AQ/T 3034—2022）第 4.12.7 条规定，在具有火灾爆炸风险的重大危险源罐区内动火应按特级动火作业管理；液化烃充装及在储存具有火灾爆炸性危险化学品的罐区内进行流程切换、储罐脱水等高风险操作，应制定操作程序确认表，对操作安全条件逐项确认，并配备监护人员。

59. B

【解析】根据《化工过程安全管理导则》（AQ/T 3034—2022）第 4.14.10 条规定，企业应定期评估承包商安全业绩，及时淘汰业绩不达标的承包商，优化承包商资源。

## 二、多项选择题

1. ABCD

【解析】2013 年 11 月 24 日，习近平总书记赴青岛黄岛经济开发区考察输油管线泄漏引发爆燃事故抢险工作，并作出重要指示。习近平总书记指出，各级党委和政府、各级领导干部要牢固树立安全发展理念，始终把人民群众生命安全放在第一位。各地区各部门、各类企业都要坚持安全生产高标准、严要求，招商引资、上项目要严把安全生产关，加大安全生产指标考核权重，实行安全生产和重大安全生产事故风险"一票否决"。责任重于泰山。要抓紧建立健全安全生产责任体系，党政一把手必须亲力亲为、亲自动手抓。要把安全责任落实到岗位、落实到人头，坚持管行业必须管安全、管业务必须管安全，加强督促检查、严格考核奖惩，全面推进安全生产工作。

习近平总书记强调，所有企业都必须认真履行安全生产主体责任，做到安全投入到位、安全培训到位、基础管理到位、应急救援到位，确保安全生产。中央企业要带好头做表率。各级政府要落实属地管理责任，依法依规，严管严抓。

习近平总书记指出，安全生产，要坚持防患于未然。要继续开展安全生产大检查，做到"全覆盖、零容忍、严执法、重实效"。要采用不发通知、不打招呼、不听汇报、不用陪同和接待，直奔基层、直插现场，暗查暗访，特别是要深查地下油气管网这样的隐蔽致灾隐患。要加大隐患整改治理力度，建立安全生产检查工作责任制，实行谁检查、谁签字、谁负责，做到不打折扣、不留死角、不走过场，务必见到成效。

习近平总书记指出，要做到"一厂出事故、万厂受教育、一地有隐患、全国受警示"。各地区和各行业领域要深刻吸取安全事故带来的教训，强化安全责任，改进安全监管，落实防范措施。

2. ABCD

【解析】同上。

3. ABCD

【解析】2016年7月，习近平总书记对加强安全生产和汛期安全防范工作作出重要指示，强调各级党委和政府特别是领导干部要牢固树立安全生产的观念，正确处理安全和发展的关系，坚持发展决不能以牺牲安全为代价这条红线。

4. ABC

【解析】根据《中华人民共和国安全生产法》第三条规定，安全生产工作实行管行业必须管安全、管业务必须管安全、管生产经营必须管安全，强化和落实生产经营单位主体责任与政府监管责任，建立生产经营单位负责、职工参与、政府监管、行业自律和社会监督的机制。

5. ABD

【解析】根据《中华人民共和国安全生产法》第四十条规定，生产经营单位应当按照国家有关规定将本单位重大危险源及有关安全措施、应急措施报有关地方人民政府应急管理部门和有关部门备案。

6. ABD

【解析】根据《中华人民共和国安全生产法》第四十条和第一百零一条规定，生产经营单位对重大危险源应当登记建档，进行定期检测、评估、监控，并制定应急预案，告知从业人员和相关人员在紧急情况下应当采取的应急措施。生产经营单位对本单位重大危险源未登记建档，未进行定期检测、评估、监控，未制定应急预案，或者未告知应急措施的，责令限期改正，处 10 万元以下的罚款；逾期未改正的，责令停产停业整顿，并处 10 万元以上 20 万元以下的罚款，对其直接负责的主管人员和其他直接责任人员处 2 万元以上 5 万元以下的罚款；构成犯罪的，依照刑法有关规定追究刑事责任。

7. ABC

【解析】根据《中华人民共和国安全生产法》第二十三条规定，生产经营单位应当具备的安全生产条件所必需的资金投入，由生产经营单位的决策机构、主要负责人或者个人经营的投资人予以保证，并对由于安全生产所必需的资金投入不足导致的后果承担责任。

8. ABCD

【解析】根据《中华人民共和国安全生产法》第八十一条规定，生产经营单位应当制定本单位生产安全事故应急救援预案，与所在地县级以上地方人民政府组织制定的生产安全事故应急救援预案相衔接，并定期组织演练。第八十二条规定，危险物品的生产、经营、储存单位以及矿山、金属冶炼、城市轨道交通运营、建筑施工单位应当建立应急救援组织；生产经营规模较小的，可以不建立应急救援组织，但应当指定兼职的应急救援人员。

9. ABCD

【解析】根据《危险化学品安全管理条例》第二十四条和第二十五条规定，危险化学品应当储存在专用仓库、专用场地或者专用储存室（统称专用仓库）内，并由专人负责管理；剧毒化学品以及储存数量构成重大危险源的其他危险化学品，应当在专用仓库内单独存放，并实行双人收发、双人保管制度。危险化学品的储存方式、方法以及储存数量应当符合国家标准或者国家有关规定。储存危险化学品的单位应当建立危险化学品出入库核查、登记制度。

10. ABCD

【解析】根据《危险化学品安全管理条例》第七十一条规定，发生危险化学品事故，事故单位主要负责人应当立即按照本单位危险化学品应急预案组织救援，并向当地安全生产监督管理部门和环境保护、公安、卫生主管部门报告；道路运输、水路运输过程中发生危险化学品事故的，驾驶人员、船员或者押运人员还应当向事故发生地交通运输主管部门报告。

11. ABCD

【解析】根据《生产安全事故应急条例》第五条规定，生产经营单位应当针对本单位可能发生的生产安全事故的特点和危害，进行风险辨识和评估，制定相应的生产安全事故应急救援预案，并向本单位从业人员公布。第六条规定，生产安全事故应急救援预案应当符合有关法律、法规、规章和标准的规定，具有科学性、针对性和可操作性，明确规定应急组织体系、职责分工以及应急救援程序和措施。

12. ABCD

【解析】根据《生产安全事故应急条例》第六条规定，有下列情形之一的，生产安全事故应急救援预案制定单位应当及时修订相关预案：

（1）制定预案所依据的法律、法规、规章、标准发生重大变化；

（2）应急指挥机构及其职责发生调整；

（3）安全生产面临的风险发生重大变化；

（4）重要应急资源发生重大变化；

（5）在预案演练或者应急救援中发现需要修订预案的重大问题；

（6）其他应当修订的情形。

13. AB

【解析】根据《生产安全事故应急条例》第八条规定，易燃易爆物品、危险化学品等危险物品的生产、经营、储存、运输单位，矿山、金属冶炼、城市轨道交通运营、建筑施工单位，以及宾馆、商场、娱乐场所、旅游景区等人员密集场所经营单位，应当至少每半年组织1次生产安全事故应急救援预案演练，并将演练情况报送所在地县级以上地方人民政府负有安全生产监督管理职责的部门。

14. ABC

【解析】根据《危险化学品生产建设项目安全风险防控指南》（应急〔2022〕52号）第9.3.1条规定，新建装置施工建设结束后，由建设单位进行工程质量初评，建设单位或总承包商要及时组织设计、施工、监理、生产等单位有经验的专业和操作人员按单元和系统，分专业进行"三查四定"（查设计漏项、查工程质量及隐患、查未完工程量，整改工作定任务、定人员、定时间、定措施），重点检查安全措施的缺项、设计缺陷等，并由工艺技术提供方、设计单位、施工单位、监理单位的项目总监及建设单位五方会签。

15. ABCD

【解析】根据《中华人民共和国安全生产法》第四条规定，生产经营单位必须遵守本法和其他有关安全生产的法律、法规，加强安全生产管理，建立健全全员安全生产责任制和安全生产规章制度，加大对安全生产资金、物资、技术、人员的投入保障力度，改善安全生产条件，加强安全生产标准化、信息化建设，构建安全风险分级管控和隐患排查治理双重预防机制，健全风险防范化解机制，提高安全生产水平，确保安全生产。

16. ABCD

【解析】根据《中华人民共和国安全生产法》第二十二条规定，生产经营单位的全员安全生产责任制应当明确各岗位的责任人员、责任范围和考核标准等内容。生产经营单位应当建立相应的机制，加强对全员安全生产责任制落实情况的监督考核，保证全员安全生产责任制的落实。

17. BC

【解析】根据《"十四五"危险化学品安全生产规划方案》第三条规定，深化精细化工企业反应安全风险评估，建立涉及硝化、氯化、氟化、重氮化、过氧化工艺的精细化工生产工艺全流程安全风险评估机制，不断提升人防、物防、技防要求。研究制定高危化学品和高危工艺细分领域安全风险管控标准规定。

18. ACD

【解析】根据《危险化学品建设项目安全监督管理办法》（国家安全生产监督管理总局令第79号）第二条规定，中华人民共和国境内新建、改建、扩建危险化学品生产、储存的建设项目以及伴有危险化学品产生的化工建设项目（包括危险化学品长输管道建设项目，以下统称建设项目），其安全管理及其监督管理，适用该办法。危险化学品的勘探、开采及其辅助的储存，原油和天然气勘探、开采及其辅助的储存、海上输送，城镇燃气的输送及储存等建设项目，不适用该办法。

19. ABD

【解析】根据《危险化学品建设项目安全监督管理办法》（国家安全生产监督管理总局令第79号）第十三条规定，建设项目有下列情形之一的，安全条件审查不予通过：

（1）安全评价报告存在重大缺陷、漏项的，包括建设项目主要危险、有害因素辨识和评价不全或者不准确的；

（2）建设项目与周边场所、设施的距离或者拟建场址自然条件不符合有关安全生产法律、法规、规章和国家标准、行业标准的规定的；

（3）主要技术、工艺未确定，或者不符合有关安全生产法律、法规、规章和国家标准、行业标准的规定的；

（4）国内首次使用的化工工艺，未经省级人民政府有关部门组织的安全可靠性论证的；

（5）对安全设施设计提出的对策与建议不符合法律、法规、规章和国家标准、行业标准的规定的；

（6）未委托具备相应资质的安全评价机构进行安全评价的；

（7）隐瞒有关情况或者提供虚假文件、资料的。

建设项目未通过安全条件审查的，建设单位经过整改后可以重新申请建设项目安全条件审查。

20. ACD

【解析】根据《苯乙烯安全风险隐患排查指南（试行）》规定，苯乙烯储罐应采用氮封系统，并处于投用状态；涉及苯乙烯的现场压力仪表不应与远传压力表共用一个引压点；苯乙烯取样应采用循环密闭采样系统；涉及苯乙烯介质的输送应选用无泄漏泵，如屏蔽泵、磁力泵等。泵体应采取降温措施，保证苯乙烯温度不高于 20 ℃。

21. ABD

【解析】根据《重氮化企业安全风险隐患排查指南（试行）》规定，涉及重氮化工艺的精细化工生产装置，应开展全流程反应安全风险评估；涉及重氮化滤渣的危废库房内须设置强制通风、红外热成像监测报警和视频监控等安全设施；生产装置和储存设施的自动化系统装备投用率应达到 100%；涉及重氮盐干燥的设备应配置温度测量、加热热源开关、惰性气体保护的联锁装置。

22. ABCD

【解析】根据《危险化学品生产建设项目安全风险防控指南（试行）》（应急〔2022〕52 号）第 5.4 条规定，对涉及"两重点一重大"的建设项目，由设区的市级以上政府投资主管部门牵头，组织工业和信息化、生态环境、自然资源、应急管理等有关部门，对建设项目进行决策咨询服务，形成决策意见。

23. ABC

【解析】根据《化工过程安全管理导则》（AQ/T 3034—2022）第 4.7.1.1 条规定，在建设项目前期论证或可行性研究阶段，相关单位及人员应开展危害辨识，分析拟建项目存在的工艺危害，当地自然地理条件、自然灾害和周边设施对拟建项目的影响，以及拟建项目可能发生的泄漏、火灾、爆炸、中毒等事故对周边防护目标的影响。

### 三、判断题

1. 错误

【解析】根据《中华人民共和国安全生产法》第二十五条规定，生产经营单位可以设置专职安全生产分管负责人，协助本单位主要负责人履行安全生产管理职责。

2. 正确

【解析】根据《中华人民共和国刑法》第一百三十四条规定，构成强令、组织他人违章冒险作业罪是指强令他人违章冒险作业或者明知存在重大事故隐患而不排除，仍冒险组织作业，发生重大伤亡事故或者造成其他严重后果，处 5 年以下有期徒刑或者拘役；情节特别恶劣的，处5年以上有期徒刑。

3. 错误

**【解析】**根据《中华人民共和国刑法》第一百三十四条之一的规定，构成危险作业罪是指在生产、作业中违反有关安全管理的规定，有下列情形之一，具有发生重大伤亡事故或者其他严重后果的现实危险，处1年以下有期徒刑、拘役或者管制：

（1）关闭、破坏直接关系生产安全的监控、报警、防护、救生设备、设施，或者篡改、隐瞒、销毁其相关数据、信息的；

（2）因存在重大事故隐患被依法责令停产停业、停止施工、停止使用有关设备、设施、场所或者立即采取排除危险的整改措施，而拒不执行的；

（3）涉及安全生产的事项未经依法批准或者许可，擅自从事危险物品生产、经营、储存等高度危险的生产作业活动的。

4. 错误

**【解析】**根据《生产安全事故应急条例》第十条规定，易燃易爆物品、危险化学品等危险物品的生产、经营、储存、运输单位，矿山、金属冶炼、城市轨道交通运营、建筑施工单位，以及宾馆、商场、娱乐场所、旅游景区等人员密集场所经营单位，应当建立应急救援队伍；其中，小型企业或者微型企业等规模较小的生产经营单位，可以不建立应急救援队伍，但应当指定兼职的应急救援人员，并且可以与邻近的应急救援队伍签订应急救援协议。

5. 错误

**【解析】**根据《生产安全事故应急条例》第十条规定，工业园区、开发区等产业聚集区域内的生产经营单位，可以联合建立应急救援队伍。

6. 正确

**【解析】**根据《生产安全事故应急条例》第十四条规定，危险物品的生产、经营、储存、运输单位以及矿山、金属冶炼、城市轨道交通运营、建筑施工单位，应当建立应急值班制度，配备应急值班人员。规模较大、危险性较高的易燃易爆物品、危险化学品等危险物品的生产、经营、储存、运输单位应当成立应急处置技术组，实行24 h应急值班。

7. 正确

【解析】根据中共中央办公厅、国务院办公厅《关于全面加强危险化学品安全生产工作的意见》第（十一）条规定，危险化学品生产企业主要负责人、分管安全生产负责人必须具有化工类专业大专及以上学历和一定实践经验，专职安全管理人员至少要具备中级及以上化工专业技术职称或化工安全类注册安全工程师资格，新招一线岗位从业人员必须具有化工职业教育背景或普通高中及以上学历并接受危险化学品安全培训，经考核合格后方能上岗。

8. 错误

【解析】根据《中华人民共和国刑法》第一百三十四条规定，在生产、作业中违反有关安全管理的规定，因而发生重大伤亡事故或者造成其他严重后果的构成重大责任事故罪，处 3 年以下有期徒刑或者拘役，情节特别恶劣的，处 3 年以上 7 年以下有期徒刑。

9. 正确

【解析】根据《"十四五"危险化学品安全生产规划方案》第四条规定，在化工园区安全评估、分类提升的基础上，重点抓好"一园一策"整改提升措施落地，推动化工园区全部达到一般或较低安全风险等级。

10. 正确

【解析】根据《危险化学品建设项目安全监督管理办法》（国家安全生产监督管理总局令第 79 号）第六条规定，负责实施建设项目安全审查的安全生产监督管理部门根据工作需要，可以将其负责实施的建设项目安全审查工作，委托下一级安全生产监督管理部门实施。委托实施安全审查的，审查结果由委托的安全生产监督管理部门负责。跨省、自治区、直辖市的建设项目和生产剧毒化学品的建设项目，不得委托实施安全审查。

11. 错误

【解析】根据《危险化学品建设项目安全监督管理办法》（国家安全生产监督管理总局令第 79 号）第二十二条规定，建设项目试生产期限应当不少于 30 日，不超过 1 年。

12. 正确

【解析】根据《危险化学品建设项目安全监督管理办法》（国家安全生产监督管理总局令第 79 号）第二十五条规定，安全评价机构应当根据有关安全生产的法律、法规、规章和国家标准、行业标准进行评价。建设项目安全验收评价报告应当符合《危险化学品建设项目安全评价细则》的要求。

13. 错误

【解析】根据《光气企业安全风险隐患排查指南（试行）》规定，严禁在光气及光气化生产装置内设置控制室、交接班室、办公室、休息室、外操室或巡检室。

14. 错误

【解析】根据《有机硅企业安全风险隐患排查指南（试行）》规定，硅粉加工除尘系统宜采用惰性防爆的工艺，布袋除尘器应采用氮气反吹。

15. 正确

【解析】根据《丁二烯安全风险隐患排查指南（试行）》规定，构成一级、二级重大危险源的丁二烯罐区应配备独立的安全仪表系统（SIS）。切断阀应采用故障安全型，并处于投用状态。

16. 错误

【解析】根据《危险化学品生产建设项目安全风险防控指南（试行）》（应急〔2022〕52 号）第 1.2 条规定，适用范围为：依法应取得危险化学品安全生产许可、使用许可的新建、改建、扩建危险化学品建设项目。

## 第二节　工伤保险和工伤预防

### 习　　题

**一、单项选择题**

1. 根据《工伤保险条例》，下列关于工伤保险基金使用的表述，错误的是

（　　）。

  A. 工伤保险基金可用于工伤预防的宣传、培训等费用支付

  B. 工伤预防费用的提取比例、使用和管理的具体办法，由国务院社会保险行政部门会同国务院财政、卫生行政、安全生产监督管理等部门规定

  C. 工伤保险基金可以用于建办公场所

  D. 工伤保险基金应当留有一定比例的储备金

2. 根据《工伤保险条例》，下列关于工伤保险费缴纳的表述，不正确的是（　　）。

  A. 用人单位应当按时缴纳工伤保险费

  B. 用人单位缴纳工伤保险费的数额为本单位职工工资总额乘以单位缴费费率之积

  C. 职工个人需按规定比例缴纳工伤保险费

  D. 对难以按照工资总额缴纳工伤保险费的行业，其缴纳工伤保险费的具体方式，由国务院社会保险行政部门规定

3. 某企业职工孙某发生事故，认定为工伤，经治疗伤情相对稳定后留下残疾，影响劳动能力。根据《工伤保险条例》，下列关于劳动能力鉴定的表述，正确的是（　　）。

  A. 劳动功能障碍分为 10 个伤残等级，最重的为一级，最轻的为十级

  B. 生活自理障碍分为两个等级：生活完全不能自理、生活部分不能自理

  C. 对孙某的劳动能力鉴定可由市级公立医院进行

  D. 自劳动能力鉴定结论作出之日起半年后，孙某认为伤残情况发生变化，可以申请劳动能力复查鉴定

4. 某企业职工郭某发生工伤。根据《工伤保险条例》，下列关于郭某工伤保险待遇的表述，正确的是（　　）。

  A. 社会保险行政部门作出认定郭某工伤的决定后，发生行政复议、行政诉讼的，行政复议和行政诉讼期间停止支付郭某治疗工伤的医疗费用

  B. 郭某因暂停工作接受工伤医疗，停工留薪期一般不超过 12 个月，特殊情况不得超过 18 个月

C. 郭某经劳动能力鉴定委员会的伤残等级评定，确认为生活部分不能自理，生活护理费标准为统筹地区上年度职工月平均工资的40%

D. 郭某经鉴定为六级伤残，从工伤保险基金支付一次性伤残补助金，标准为16个月的本人工资

5. 根据《工伤保险条例》，下列不应当认定为工伤或视同工伤的情形是（    ）。

A. 在工作时间和工作场所内，因工作原因受到事故伤害的

B. 工作时间前后在工作场所内，从事与工作有关的预备性或者收尾性工作受到事故伤害的

C. 在工作时间和工作场所内，因履行工作职责受到暴力等意外伤害的

D. 在工作时间和工作岗位，突发疾病经抢救1周后死亡的

6. 根据《工伤保险条例》，职工发生事故伤害，所在单位应当自事故伤害发生之日起（    ）日内，向统筹地区社会保险行政部门提出工伤认定申请。

A. 30  B. 45  C. 15  D. 5

7. 用人单位未按规定提出工伤认定申请的，工伤职工或者其近亲属、工会组织在事故伤害发生之日或者被诊断、鉴定为职业病之日起（    ）内，可以直接向用人单位所在地统筹地区社会保险行政部门提出工伤认定申请。

A. 1年  B. 2年  C. 半年  D. 3个月

8. 用人单位未在规定的时限内提交工伤认定申请，在此期间发生符合规定的工伤待遇等有关费用由（    ）负担。

A. 职工本人  B. 用人单位
C. 工会  D. 社会保险经办机构

9. 职工或者其近亲属认为是工伤，用人单位不认为是工伤的，由（    ）承担举证责任。

A. 用人单位  B. 职工本人
C. 工会  D. 社会保险行政部门

10. 社会保险行政部门应当自受理工伤认定申请之日起（    ）日内作出工伤认定的决定，并书面通知申请工伤认定的职工或者其近亲属和该职工所在单位。

A. 7　　　　B. 30　　　　C. 45　　　　D. 60

11. 下列关于劳动能力鉴定的表述，错误的是（　　）。

    A. 应当从建立的医疗卫生专家库中随机抽取 4 名相关专家组成专家组，由专家组提出鉴定意见

    B. 劳动能力鉴定结论应当及时送达申请鉴定的单位和个人

    C. 劳动能力鉴定委员会在必要时，可以委托具备资格的医疗机构协助进行有关的诊断

    D. 可以从建立的医疗卫生专家库中随机抽取 3 名相关专家组成专家组，由专家组提出鉴定意见

12. 自劳动能力鉴定结论作出之日起（　　），工伤职工或者其近亲属、所在单位或者经办机构认为伤残情况发生变化的，可以申请劳动能力复查鉴定。

    A. 1 年内　　　　　　　　B. 3 个月后

    C. 1 年后　　　　　　　　D. 半年内

13. 下列关于工伤待遇的表述，错误的是（　　）。

    A. 职工住院治疗工伤的伙食补助费不能从工伤保险基金支付

    B. 工伤职工治疗非工伤引发的疾病，不享受工伤医疗待遇，按照基本医疗保险办法处理

    C. 工伤职工到签订服务协议的医疗机构进行工伤康复的费用，符合规定的，从工伤保险基金支付

    D. 工伤职工经医疗机构出具证明，报经办机构同意，到统筹地区以外就医所需的交通、食宿费用从工伤保险基金支付

14. 下列关于伤残待遇的表述，不正确的是（　　）。

    A. 职工因工致残被鉴定为一级至四级伤残的，保留劳动关系，退出工作岗位，享受工伤保险待遇

    B. 一级伤残一次性伤残补助金为 30 个月的本人工资

    C. 二级伤残一次性伤残补助金为 25 个月的本人工资

    D. 伤残津贴实际金额低于当地最低工资标准的，由工伤保险基金补足差额

15. 根据《工伤预防五年行动计划（2021—2025 年）》，下列关于工伤事故预防措施的表述，错误的是（　　）。

   A. 牢固树立预防优先的工作理念

   B. 完善"预防、康复、补偿"三位一体制度体系

   C. 把工伤预防作为工伤保险优先事项，采取一切适当的手段组织推进

   D. 事故具有偶然性，因此事故很难控制

16. 根据《工伤保险条例》，下列关于伤残待遇的表述，错误的是（　　）。

   A. 对五级伤残职工从工伤保险基金支付一次性伤残补助金，标准为 18 个月的本人工资

   B. 对六级伤残职工从工伤保险基金支付一次性伤残补助金，标准为 15 个月的本人工资

   C. 一级至四级的伤残职工达到退休年龄并办理退休手续后，停发伤残津贴，按照国家有关规定享受基本养老保险待遇

   D. 一级至四级的伤残职工达到退休年龄并办理退休手续后，基本养老保险待遇低于伤残津贴的，由工伤保险基金补足差额

17. 根据《工伤保险条例》，下列关于停工留薪期伤残待遇的表述，错误的是（　　）。

   A. 职工因工作遭受事故伤害或者患职业病需要暂停工作接受工伤医疗的，在停工留薪期内，原工资福利待遇不变

   B. 停工留薪期一般不超过 24 个月

   C. 停工留薪期工资福利待遇由用人单位按月支付

   D. 工伤职工评定伤残等级后，停发原待遇，按照有关规定享受伤残待遇

18. 下列关于生活护理伤残待遇的表述，错误的是（　　）。

   A. 工伤职工已经评定伤残等级并经劳动能力鉴定委员会确认需要生活护理的，从工伤保险基金按月支付生活护理费

   B. 生活护理费按照生活完全不能自理、生活大部分不能自理或者生活部分不能自理 3 个不同等级支付

   C. 生活完全不能自理的伤残职工生活护理费标准为统筹地区上年度职工

月平均工资的60%

D. 生活部分不能自理的伤残职工生活护理费标准为统筹地区上年度职工月平均工资的30%

19. 根据《工伤保险条例》，职工在工作时间和工作岗位，突发疾病死亡或者在（　　）h之内经抢救无效死亡的，视同工伤。

  A. 48    B. 36    C. 24    D. 72

## 二、多项选择题

1. 工伤保险费率制定的依据是（　　）。

  A. 根据不同行业的工伤风险程度确定行业的差别费率

  B. 根据工伤保险费使用、工伤发生率等情况在每个行业内确定若干费率档次

  C. 所有企业固定统一费率

  D. 企业根据实际情况自定

2. 根据《工伤保险条例》，下列关于工伤保险基金使用的表述，正确的是（　　）。

  A. 工伤保险基金可用于工伤预防的宣传、培训等费用支付

  B. 工伤预防费用的提取比例、使用和管理的具体办法，由国务院社会保险行政部门会同国务院财政、卫生行政、安全生产监督管理等部门规定

  C. 任何单位或者个人不得将工伤保险基金用于投资运营、兴建或者改建办公场所、发放奖金，或者挪作其他用途

  D. 工伤保险基金应当留有一定比例的储备金

3. 根据《工伤保险条例》，符合该条例相关规定，但存在下列（　　）情形的，不得认定或者视同工伤。

  A. 故意犯罪的    B. 醉酒的

  C. 自残或者自杀的  D. 吸毒的

4. 用人单位未按规定提出工伤认定申请的，工伤职工或者其近亲属、工会

组织在（　　）起1年内，可以直接向用人单位所在地统筹地区社会保险行政部门提出工伤认定申请。

  A. 事故伤害发生之日　　　　B. 被诊断为职业病之日

  C. 伤残等级鉴定之日　　　　D. 被鉴定为职业病之日

5. 根据《工伤保险条例》，提出工伤认定申请，应当提交的资料包括（　　）等。

  A. 工伤认定申请表

  B. 与用人单位存在劳动关系的证明材料

  C. 医疗诊断证明

  D. 工资待遇证明

6. 根据《工伤保险条例》，社会保险行政部门应当自受理工伤认定申请之日起60日内作出工伤认定的决定，并书面通知申请工伤认定的（　　）。

  A. 职工或其近亲属　　　　B. 同事

  C. 该职工所在单位　　　　D. 工会

7. 开展安全生产和职业卫生培训是预防工伤事故的一项有效措施，下列关于安全生产和职业卫生培训的表述，正确的是（　　）。

  A. 危险化学品生产单位的主要负责人应当由主管的负有安全生产监督管理职责的部门对其安全生产知识和管理能力考核合格

  B. 危险化学品生产单位的安全生产管理人员应当由主管的负有安全生产监督管理职责的部门对其安全生产知识和管理能力考核合格

  C. 未经安全生产教育和培训合格的从业人员，不得上岗作业

  D. 生产经营单位使用被派遣劳动者的，也要对被派遣劳动者进行岗位安全操作规程和安全操作技能的教育和培训

8. 根据《企业职工伤亡事故分类》（GB 6441—86），下列属于人的不安全行为的是（　　）。

  A. 分散注意力的行为

  B. 在起吊物下作业、停留

  C. 机器运转时从事加油、修理、检查、调整、焊接、清扫等工作

D. 攀、坐不安全位置

9. 根据《工伤保险条例》，下列关于工伤认定的表述，正确的是（　　）。

   A. 所在单位应当自事故伤害发生之日或者被诊断、鉴定为职业病之日起 60 日内，向统筹地区社会保险行政部门提出工伤认定申请

   B. 用人单位未在规定时限内提交工伤认定申请，在此期间发生符合规定的工伤待遇等有关费用由本人负担

   C. 社会保险行政部门应当自受理工伤认定申请之日起 60 日内作出工伤认定的决定

   D. 社会保险行政部门对受理的事实清楚、权利义务明确的工伤认定申请，应当在 15 日内作出工伤认定的决定

   E. 职工或者其近亲属认为是工伤，用人单位不认为是工伤的，由用人单位承担举证责任

10. 2019 年 7 月，张某出差外地在开会期间突发疾病，送往医院紧急抢救 20 h 后死亡。张某所在单位认为张某不构成工伤，没有在规定期限内提出工伤认定申请，而张某的近亲属认为张某构成工伤。根据《工伤保险条例》，下列关于张某工伤认定和赔偿的表述，正确的有（　　）。

    A. 张某在出差期间突发疾病死亡，不应认定或视同为工伤

    B. 张某近亲属应承担张某构成工伤的举证责任

    C. 张某近亲属可在张某死亡之日起 2 年内向社会保险行政部门提出工伤认定申请

    D. 张某近亲属可从工伤保险基金领取丧葬补助金、供养亲属抚恤金和一次性工亡补助金

    E. 张某的丧葬补助金为 6 个月的统筹地区上年度职工月平均工资

11. 对从事接触职业病危害的作业的劳动者，用人单位应当按照国务院卫生行政部门的规定组织（　　）职业健康检查，并将检查结果书面告知劳动者。职业健康检查费用由用人单位承担。

    A. 上岗前　　B. 在岗期间　　C. 离岗时　　D. 月度

## 三、判断题

1. 根据《工伤保险条例》，工伤保险费根据以收定支、收支平衡的原则，确定费率。（  ）

2. 根据《工伤保险条例》，工伤保险基金应当留有一定比例的储备金，用于统筹地区重大事故的工伤保险待遇支付。（  ）

3. 根据《工伤保险条例》，工伤认定申请人提供材料不完整的，社会保险行政部门应当一次性书面告知工伤认定申请人需要补正的全部材料。（  ）

4. 根据《工伤保险条例》，社会保险行政部门受理工伤认定申请后，根据审核需要可以对事故伤害进行调查核实，用人单位、职工、工会组织、医疗机构以及有关部门应当予以协助。（  ）

5. 根据《工伤保险条例》，对依法取得职业病诊断证明书或者职业病诊断鉴定书的，社会保险行政部门不再进行调查核实。（  ）

6. 根据《工伤保险条例》，职工发生工伤，经治疗伤情相对稳定后存在残疾、影响劳动能力的，应当进行劳动能力鉴定。（  ）

7. 根据《工伤保险条例》，劳动能力鉴定由用人单位、工伤职工或者其近亲属向设区的市级劳动能力鉴定委员会提出申请，并提供工伤认定决定和职工工伤医疗的有关资料。（  ）

8. 根据《工伤保险条例》，设区的市级劳动能力鉴定委员会应当自收到劳动能力鉴定申请之日起60日内作出劳动能力鉴定结论，作出劳动能力鉴定结论的期限不能延长。（  ）

9. 根据《工伤保险条例》，申请鉴定的单位或者个人对设区的市级劳动能力鉴定委员会作出的鉴定结论不服的，可以在收到该鉴定结论之日起15日内向省、自治区、直辖市劳动能力鉴定委员会提出再次鉴定申请。（  ）

10. 实施重点行业重点企业工伤预防（安全生产、职业病防治）能力提升培训工程，重点培训重点行业重点企业分管负责人、安全管理部门主要负责人和一线班组长等重点岗位人员。（  ）

11. 工伤预防要坚持以人民为中心的发展思想，适应推进国家治理体系和治

理能力现代化要求,完善"预防、康复、补偿"三位一体制度体系。（  ）

12. 根据《中华人民共和国劳动法》,从事技术工种的劳动者,上岗前必须经过培训。（  ）

13. 职工应当参加工伤保险,由生产经营单位缴纳工伤保险费,职工个人不缴纳工伤保险费。（  ）

14. 生产经营单位应当教育和督促从业人员严格执行本单位的安全生产规章制度和安全操作规程。（  ）

15. 生产经营单位应当关注从业人员的身体、心理状况和行为习惯。（  ）

16. 职业禁忌是指从业人员从事特定职业或者接触特定职业危害因素时,比一般职业人群更易于遭受职业危害损伤和罹患职业病,或者可能导致原有自身疾病病情加重,或者在从事作业过程中诱发可能导致对他人生命健康构成危险的疾病的个人特殊生理或者病理状态。（  ）

## 参考答案及解析

### 一、单项选择题

1. C

【解析】根据《工伤保险条例》第十二条和第十三条规定,工伤保险基金存入社会保障基金财政专户,用于本条例规定的工伤保险待遇,劳动能力鉴定,工伤预防的宣传、培训等费用,以及法律、法规规定的用于工伤保险的其他费用的支付。工伤预防费用的提取比例、使用和管理的具体办法,由国务院社会保险行政部门会同国务院财政、卫生行政、安全生产监督管理等部门规定。任何单位或者个人不得将工伤保险基金用于投资运营、兴建或者改建办公场所、发放奖金,或者挪作其他用途。工伤保险基金应当留有一定比例的储备金,用于统筹地区重大事故的工伤保险待遇支付。

2. C

【解析】根据《工伤保险条例》第十条规定,用人单位应当按时缴纳工伤保险费。职工个人不缴纳工伤保险费。用人单位缴纳工伤保险费的数额为本单位职工工资总额乘以单位缴费费率之积。对难以按照工资总额缴纳工伤保险费的行业，其缴纳工伤保险费的具体方式，由国务院社会保险行政部门规定。

3. A

【解析】根据《工伤保险条例》第二十二条规定，劳动能力鉴定是指劳动功能障碍程度和生活自理障碍程度的等级鉴定。劳动功能障碍分为10个伤残等级，最重的为一级，最轻的为十级。生活自理障碍分为3个等级：生活完全不能自理、生活大部分不能自理和生活部分不能自理。第二十五条规定，设区的市级劳动能力鉴定委员会收到劳动能力鉴定申请后，应当从其建立的医疗卫生专家库中随机抽取3名或者5名相关专家组成专家组，由专家组提出鉴定意见。第二十八条规定，自劳动能力鉴定结论作出之日起1年后，工伤职工或者其近亲属、所在单位或者经办机构认为伤残情况发生变化的，可以申请劳动能力复查鉴定。

4. D

【解析】根据《工伤保险条例》第三十一条规定，社会保险行政部门作出认定为工伤的决定后发生行政复议、行政诉讼的，行政复议和行政诉讼期间不停止支付工伤职工治疗工伤的医疗费用。第三十三条规定，职工因工作遭受事故伤害或者患职业病需要暂停工作接受工伤医疗的，在停工留薪期内，原工资福利待遇不变，由所在单位按月支付。停工留薪期一般不超过12个月。伤情严重或者情况特殊，经设区的市级劳动能力鉴定委员会确认，可以适当延长，但延长不得超过12个月。第三十四条规定，生活护理费按照生活完全不能自理、生活大部分不能自理或者生活部分不能自理3个不同等级支付，其标准分别为统筹地区上年度职工月平均工资的50%、40%或者30%。第三十六条规定，职工因工致残被鉴定为五级、六级伤残的，从工伤保险基金按伤残等级支付一次性伤残补助金，标准为五级伤残为18个月的本人工资，六级伤残为16个月的本人工资。

5. D

【解析】根据《工伤保险条例》第十四条规定，有下列情形之一的，应当认定为工伤：

（1）在工作时间和工作场所内，因工作原因受到事故伤害的；

（2）工作时间前后在工作场所内，从事与工作有关的预备性或者收尾性工作受到事故伤害的；

（3）在工作时间和工作场所内，因履行工作职责受到暴力等意外伤害的；

（4）患职业病的；

（5）因工外出期间，由于工作原因受到伤害或者发生事故下落不明的；

（6）在上下班途中，受到非本人主要责任的交通事故或者城市轨道交通、客运轮渡、火车事故伤害的；

（7）法律、行政法规规定应当认定为工伤的其他情形。

第十五条规定，职工有下列情形之一的，视同工伤：

（1）在工作时间和工作岗位，突发疾病死亡或者在 48 h 之内经抢救无效死亡的；

（2）在抢险救灾等维护国家利益、公共利益活动中受到伤害的；

（3）职工原在军队服役，因战、因公负伤致残，已取得革命伤残军人证，到用人单位后旧伤复发的。

6. A

【解析】根据《工伤保险条例》第十七条规定，职工发生事故伤害或者按照职业病防治法规定被诊断、鉴定为职业病，所在单位应当自事故伤害发生之日或者被诊断、鉴定为职业病之日起 30 日内，向统筹地区社会保险行政部门提出工伤认定申请。

7. A

【解析】根据《工伤保险条例》第十七条规定，用人单位未按规定提出工伤认定申请的，工伤职工或者其近亲属、工会组织在事故伤害发生之日或者被诊断、鉴定为职业病之日起 1 年内，可以直接向用人单位所在地统筹地区社会保险行政部门提出工伤认定申请。

8. B

【解析】根据《工伤保险条例》第十七条规定，用人单位未在规定的时限内提交工伤认定申请，在此期间发生符合本条例规定的工伤待遇等有关费用由该用人单位负担。

9. A

【解析】根据《工伤保险条例》第十九条规定，职工或者其近亲属认为是工伤，用人单位不认为是工伤的，由用人单位承担举证责任。

10. D

【解析】根据《工伤保险条例》第二十条规定，社会保险行政部门应当自受理工伤认定申请之日起 60 日内作出工伤认定的决定，并书面通知申请工伤认定的职工或者其近亲属和该职工所在单位。社会保险行政部门对受理的事实清楚、权利义务明确的工伤认定申请，应当在 15 日内作出工伤认定的决定。

11. A

【解析】根据《工伤保险条例》第二十五条规定，设区的市级劳动能力鉴定委员会收到劳动能力鉴定申请后，应当从其建立的医疗卫生专家库中随机抽取 3 名或者 5 名相关专家组成专家组，由专家组提出鉴定意见。设区的市级劳动能力鉴定委员会根据专家组的鉴定意见作出工伤职工劳动能力鉴定结论；必要时，可以委托具备资格的医疗机构协助进行有关的诊断。劳动能力鉴定结论应当及时送达申请鉴定的单位和个人。

12. C

【解析】根据《工伤保险条例》第二十八条规定，自劳动能力鉴定结论作出之日起 1 年后，工伤职工或者其近亲属、所在单位或者经办机构认为伤残情况发生变化的，可以申请劳动能力复查鉴定。

13. A

【解析】根据《工伤保险条例》第三十条规定，职工住院治疗工伤的伙食补助费，以及经医疗机构出具证明，报经办机构同意，工伤职工到统筹地区以外就医所需的交通、食宿费用从工伤保险基金支付，基金支付的具体标准由统筹地区人民政府规定。工伤职工治疗非工伤引发的疾病，不享受工伤医疗待遇，按照基本医疗保险办法处理。工伤职工到签订服务协议的医疗机构进行工伤康复的费用，符合规定的，从工伤保险基金支付。

14. B

【解析】根据《工伤保险条例》第三十五条规定，职工因工致残被鉴定为一级至四级伤残的，保留劳动关系，退出工作岗位，享受以下待遇：

（1）从工伤保险基金按伤残等级支付一次性伤残补助金，标准为：一级伤残为 27 个月的本人工资，二级伤残为 25 个月的本人工资，三级伤残为 23 个月的本人工资，四级伤残为 21 个月的本人工资。

（2）从工伤保险基金按月支付伤残津贴，标准为：一级伤残为本人工资的 90%，二级伤残为本人工资的 85%，三级伤残为本人工资的 80%，四级伤残为本人工资的 75%，伤残津贴实际金额低于当地最低工资标准的，由工伤保险基金补足差额。

15. D

【解析】根据《工伤预防五年行动计划（2021—2025 年）》要求，要深入学习贯彻习近平总书记关于"人民至上、生命至上"的重要指示精神，始终把人民群众生命安全和身体健康放在第一位，把减少事故伤害和职业病危害作为工伤预防的根本出发点和落脚点，从源头上防止工伤事故发生，切实保障劳动者的生命安全和身体健康。工伤预防要坚持以人民为中心的发展思想，适应推进国家治理体系和治理能力现代化要求，完善"预防、康复、补偿"三位一体制度体系。

16. B

【解析】根据《工伤保险条例》第三十五条规定，一级至四级的伤残职工达到退休年龄并办理退休手续后，停发伤残津贴，按照国家有关规定享受基本养老保险待遇。基本养老保险待遇低于伤残津贴的，由工伤保险基金补足差额。第三十六条规定，五级至六级的伤残职工，从工伤保险基金按伤残等级支付一次性伤残补助金，标准为五级伤残为 18 个月的本人工资，六级伤残为 16 个月的本人工资。

17. B

【解析】根据《工伤保险条例》第三十三条规定，职工因工作遭受事故伤害或者患职业病需要暂停工作接受工伤医疗的，在停工留薪期内，原工资福利待遇不变，由所在单位按月支付。停工留薪期一般不超过 12 个月。伤情严重或者情况特殊，经设区的市级劳动能力鉴定委员会确认，可以适当延长，但延长不得超过 12 个月。工伤职工评定伤残等级后，停发原待遇，按照有关规定享受伤残待遇。工伤职工在停工留薪期满后仍需治疗的，继续享受工伤医疗待遇。

18. C

【解析】根据《工伤保险条例》第三十四条规定，工伤职工已经评定伤残等级并经劳动能力鉴定委员会确认需要生活护理的，从工伤保险基金按月支付生活护理费。生活护理费按照生活完全不能自理、生活大部分不能自理或者生活部分不能自理 3 个不同等级支付，其标准分别为统筹地区上年度职工月平均工资的 50%、40%或者 30%。

19. A

【解析】根据《工伤保险条例》第十五条规定，职工在工作时间和工作岗位，突发疾病死亡或者在 48 h 之内经抢救无效死亡的，视同工伤。

## 二、多项选择题

1. AB

【解析】根据《工伤保险条例》第八条规定，国家根据不同行业的工伤风险程度确定行业的差别费率，并根据工伤保险费使用、工伤发生率等情况在每个行业内确定若干费率档次。行业差别费率及行业内费率档次由国务院社会保险行政部门制定，报国务院批准后公布施行。

2. ABCD

【解析】根据《工伤保险条例》第十二条和第十三条规定，工伤保险基金存入社会保障基金财政专户，用于本条例规定的工伤保险待遇，劳动能力鉴定，工伤预防的宣传、培训等费用，以及法律、法规规定的用于工伤保险的其他费用的支付。工伤预防费用的提取比例、使用和管理的具体办法，由国务院社会保险行政部门会同国务院财政、卫生行政、安全生产监督管理等部门规定。任何单位或者个人不得将工伤保险基金用于投资运营、兴建或者改建办公场所、发放奖金，或者挪作其他用途。工伤保险基金应当留有一定比例的储备金，用于统筹地区重大事故的工伤保险待遇支付。

3. ABCD

【解析】根据《工伤保险条例》第十六条规定，职工符合本条例第十四条、第十五条的规定，但具有下列情形之一的，不得认定为工伤或者视同工伤：

（1）故意犯罪的；

（2）醉酒或者吸毒的；

（3）自残或者自杀的。

4. ABD

【解析】根据《工伤保险条例》第十七条规定，用人单位未按规定提出工伤认定申请的，工伤职工或者其近亲属、工会组织在事故伤害发生之日或者被诊断、鉴定为职业病之日起1年内，可以直接向用人单位所在地统筹地区社会保险行政部门提出工伤认定申请。

5. ABC

【解析】根据《工伤保险条例》第十八条规定，提出工伤认定申请应当提交下列材料：

（1）工伤认定申请表；

（2）与用人单位存在劳动关系（包括事实劳动关系）的证明材料；

（3）医疗诊断证明或者职业病诊断证明书（或者职业病诊断鉴定书）。

6. AC

【解析】根据《工伤保险条例》第二十条规定，社会保险行政部门应当自受理工伤认定申请之日起60日内作出工伤认定的决定，并书面通知申请工伤认定的职工或者其近亲属和该职工所在单位。

7. ABCD

【解析】根据《中华人民共和国安全生产法》第二十七条规定，危险物品的生产、经营、储存、装卸单位以及矿山、金属冶炼、建筑施工、运输单位的主要负责人和安全生产管理人员，应当由主管的负有安全生产监督管理职责的部门对其安全生产知识和管理能力考核合格。第二十八条规定，生产经营单位应当对从业人员进行安全生产教育和培训，保证从业人员具备必要的安全生产知识，熟悉有关的安全生产规章制度和安全操作规程，掌握本岗位的安全操作技能，了解事故应急处理措施，知悉自身在安全生产方面的权利和义务。未经安全生产教育和培训合格的从业人员，不得上岗作业。生产经营单位使用被派遣劳动者的，应当将被派遣劳动者纳入本单位从业人员统一管理，对被派遣劳动者进行岗位安全操作规程和安全操作技能的教育和培训。

8. ABCD

【解析】《企业职工伤亡事故分类》（GB 6441—86）中对人的不安全行为做了详细的分类，大致分为 14 类。其中包括分散注意力的行为；攀、坐不安全位置；在起吊物下作业、停留；机器运转时从事加油、修理、检查、调整、焊接、清扫等工作。

9. CDE

【解析】根据《工伤保险条例》第十七条规定，职工发生事故伤害或者按照职业病防治法规定被诊断、鉴定为职业病，所在单位应当自事故伤害发生之日或者被诊断、鉴定为职业病之日起 30 日内，向统筹地区社会保险行政部门提出工伤认定申请。遇有特殊情况，经报社会保险行政部门同意，申请时限可以适当延长。按照该条第一款规定应当由省级社会保险行政部门进行工伤认定的事项，根据属地原则由用人单位所在地的设区的市级社会保险行政部门办理。用人单位未在该条第一款规定的时限内提交工伤认定申请，在此期间发生符合条例规定的工伤待遇等有关费用由该用人单位负担。第十九条规定，职工或者其近亲属认为是工伤，用人单位不认为是工伤的，由用人单位承担举证责任。第二十条规定，社会保险行政部门应当自受理工伤认定申请之日起 60 日内作出工伤认定的决定，并书面通知申请工伤认定的职工或者其近亲属和该职工所在单位。社会保险行政部门对受理的事实清楚、权利义务明确的工伤认定申请，应当在 15 日内作出工伤认定的决定。

10. DE

【解析】A 选项错误。根据《工伤保险条例》第十五条规定，职工在工作时间和工作岗位，突发疾病死亡或者在 48 h 之内经抢救无效死亡的，视同工伤。

B 选项错误。根据《工伤保险条例》第十九条规定，职工或者其近亲属认为是工伤，用人单位不认为是工伤的，由用人单位承担举证责任。

C 选项错误。根据《工伤保险条例》第十七条规定，职工发生事故伤害或者按照职业病防治法规定被诊断、鉴定为职业病,所在单位应当自事故伤害发生之日或者被诊断、鉴定为职业病之日起 30 日内,向统筹地区社会保险行政部门提出工伤认定申请。遇有特殊情况,经报社会保险行政部门同意,申请时限可以适当延长。用人单位未按规定提出工伤认定申请的,工伤职工或者其近亲属、工会组织在事故伤害发生之日或者被诊断、鉴定为职业病之日起 1 年内,可以直接向用人单位所在地统筹地区社会保险行政部门提出工伤认定申请。

D、E 选项正确。根据《工伤保险条例》第三十九条规定,职工因工死亡,其近亲属按照相关规定从工伤保险基金领取丧葬补助金、供养亲属抚恤金和一次性工亡补助金。丧葬补助金为 6 个月的统筹地区上年度职工月平均工资。

11. ABC

【解析】根据《中华人民共和国职业病防治法》第三十五条规定,对从事接触职业病危害的作业的劳动者,用人单位应当按照国务院卫生行政部门的规定组织上岗前、在岗期间和离岗时的职业健康检查,并将检查结果书面告知劳动者。职业健康检查费用由用人单位承担。

## 三、判断题

1. 错误

【解析】根据《工伤保险条例》第八条规定,工伤保险费根据以支定收、收支平衡的原则,确定费率。

2. 正确

【解析】根据《工伤保险条例》第十三条规定,工伤保险基金应当留有一定比例的储备金,用于统筹地区重大事故的工伤保险待遇支付;储备金不足支付的,由统筹地区的人民政府垫付。

3. 正确

【解析】根据《工伤保险条例》第十八条规定,工伤认定申请人提供材料不完整的,社会保险行政部门应当一次性书面告知工伤认定申请人需要补正的全部材料。

4. 正确

【解析】根据《工伤保险条例》第十九条规定，社会保险行政部门受理工伤认定申请后，根据审核需要可以对事故伤害进行调查核实，用人单位、职工、工会组织、医疗机构以及有关部门应当予以协助。

5. 正确

【解析】根据《工伤保险条例》第十九条规定，对依法取得职业病诊断证明书或者职业病诊断鉴定书的，社会保险行政部门不再进行调查核实。

6. 正确

【解析】根据《工伤保险条例》第二十一条规定，职工发生工伤，经治疗伤情相对稳定后存在残疾、影响劳动能力的，应当进行劳动能力鉴定。

7. 正确

【解析】根据《工伤保险条例》第二十三条规定，劳动能力鉴定由用人单位、工伤职工或者其近亲属向设区的市级劳动能力鉴定委员会提出申请，并提供工伤认定决定和职工工伤医疗的有关资料。

8. 错误

【解析】根据《工伤保险条例》第二十五条规定，设区的市级劳动能力鉴定委员会应当自收到劳动能力鉴定申请之日起60日内作出劳动能力鉴定结论，必要时，作出劳动能力鉴定结论的期限可以延长30日。

9. 正确

【解析】根据《工伤保险条例》第二十六条规定，申请鉴定的单位或者个人对设区的市级劳动能力鉴定委员会作出的鉴定结论不服的，可以在收到该鉴定结论之日起15日内向省、自治区、直辖市劳动能力鉴定委员会提出再次鉴定申请。省、自治区、直辖市劳动能力鉴定委员会作出的劳动能力鉴定结论为最终结论。

10. 正确

【解析】根据《工伤预防五年行动计划（2021—2025年）》规定，要实施重点行业重点企业工伤预防（安全生产、职业病防治）能力提升培训工程，重点培训重点行业重点企业分管负责人、安全管理部门主要负责人和一线班组长等重点岗位人员。

11. 正确

【解析】根据《工伤预防五年行动计划（2021—2025年）》规定，工伤预防要坚持以人民为中心的发展思想，适应推进国家治理体系和治理能力现代化要求，完善"预防、康复、补偿"三位一体制度体系，把工伤预防作为工伤保险优先事项，采取一切适当的手段组织推进，切实提升工伤预防意识和能力，实现从"要我预防"到"我要预防""我会预防"的转变。

12. 正确

【解析】根据《中华人民共和国劳动法》第六十八条规定，用人单位应当建立职业培训制度，按照国家规定提取和使用职业培训经费，根据本单位实际，有计划地对劳动者进行职业培训。从事技术工种的劳动者，上岗前必须经过培训。

13. 正确

【解析】《中华人民共和国社会保险法》《中华人民共和国安全生产法》《工伤保险条例》等法律法规规定，职工应当参加工伤保险，由生产经营单位缴纳保险费，职工个人不缴纳工伤保险费。

14. 正确

【解析】根据《中华人民共和国安全生产法》第四十四条规定，生产经营单位应当教育和督促从业人员严格执行本单位的安全生产规章制度和安全操作规程，并向从业人员如实告知作业场所和工作岗位存在的危险因素、防范措施以及事故应急措施。

15. 正确

【解析】根据《中华人民共和国安全生产法》第四十四条规定，生产经营单位应当关注从业人员的身体、心理状况和行为习惯，加强对从业人员的心理疏导、精神慰藉，严格落实岗位安全生产责任，防范从业人员行为异常导致事故发生。

16. 正确

【解析】略。

# 第二章　安全生产管理

## 第一节　安全管理机构、人员配备及职责

### 习　　题

#### 一、单项选择题

1. 根据《中华人民共和国安全生产法》，下列应当设置安全生产管理机构或者配备专职安全生产管理人员的是（　　）。

    A. 有 95 名从业人员的装修公司

    B. 有 33 名从业人员的化妆品公司

    C. 危险物品的经营单位

    D. 有 49 名从业人员的食品加工企业

2. 根据《危险化学品从业单位安全生产标准化评审标准》（安监总管三〔2011〕93 号），下列关于危险化学品企业安全生产组织机构人员配备的表述，错误的是（　　）。

    A. 应设置安委会

    B. 应设置安全生产管理机构或配备专职安全管理人员

    C. 专职安全生产管理人员应不少于企业员工总数的 2%（不足 50 人的企业至少配备 1 人）

    D. 可以不配备注册安全工程师

3. 下列关于危险化学品企业重大危险源主要负责人配备的表述，正确的

是（　　）。

　　A. 由危险化学品企业层面技术负责人担任

　　B. 由危险化学品企业层面生产负责人担任

　　C. 由车间主任担任

　　D. 由危险化学品企业的主要负责人担任

4. 根据《危险化学品企业重点人员安全资质达标导则（试行）》（应急危化二〔2021〕1号），下列关于危险化学品企业安全生产管理机构及安全生产管理人员配备的表述，错误的是（　　）。

　　A. A企业具有两处构成重大危险源储存设施，应设置相对独立的安全生产管理机构

　　B. B企业具有两套涉及氧化工艺的生产装置，其专职安全生产管理人员需正式任命，专门从事本企业的安全生产管理工作，一般不得兼任或兼职其他工作

　　C. C企业具有一处重大危险源生产装置，有从业人员80人，应至少配备1名专职安全生产管理人员

　　D. D企业是一家氯乙烯生产单位，有从业人员320人，应至少配备1名化工安全类注册安全工程师

5. 安全生产管理机构是指生产经营单位内部设立的专门负责安全生产管理事务的独立的部门，其工作人员都是（　　）安全生产管理人员。

　　A. 专职　　　　　　　　　　B. 兼职

　　C. 专职或兼职　　　　　　　D. 轮岗制

6. 根据《中华人民共和国安全生产法》，生产经营单位的主要负责人和安全生产管理人员必须具备与本单位所从事的生产经营活动相应的（　　）和管理能力。

　　A. 安全操作能力　　　　　　B. 安全生产知识

　　C. 安全意识　　　　　　　　D. 安全资格证书

7. 根据《中华人民共和国安全生产法》，下列不属于生产经营单位的安全生产管理机构以及安全生产管理人员法定职责的是（　　）。

A. 组织制定并实施本单位安全生产规章制度和操作规程

B. 组织或者参与拟订本单位安全生产规章制度、操作规程和生产安全事故应急救援预案

C. 组织或者参与本单位应急救援演练

D. 督促落实本单位安全生产整改措施

8. 某硝酸铵生产企业由于市场需求量变化，从业人员由原来 160 人缩减至 90 人，对安全生产管理机构和人员也进行了相应的调整。下列调整方案中正确的是（    ）。

A. 安全生产管理机构并入其他部门，配备兼职安全生产管理人员

B. 撤销安全生产管理机构，委托中介机构提供安全生产服务

C. 撤销安全生产管理机构，配备兼职安全生产管理人员

D. 保留安全生产管理机构，减少专职安全生产管理人员，但不少于企业员工总数的 2%

9. 根据《注册安全工程师管理规定》（国家安全生产监督管理总局令第 11 号），生产经营单位下列工作，应有注册安全工程师参与并签署意见的是（    ）。

A. 聘用新员工

B. 新员工入厂教育

C. 为员工选用和发放劳动防护用品

D. 职工代表大会

## 二、多项选择题

1. 根据《中华人民共和国安全生产法》，下列关于企业安全生产管理机构设置和安全生产管理人员配备的表述，正确的是（    ）。

A. 某食品加工厂共有职工 115 人，配备了 3 名专职安全生产管理人员

B. 某大型酒店共有职工 130 人，配备了 8 名兼职安全生产管理人员

C. 某贸易公司共有职工 45 人，未配备专、兼职安全生产管理人员

D. 某露天采石场共有职工 85 人，设置了安全生产管理机构，并配备 6 名

专职安全生产管理人员

E. 某仓储企业共有职工 105 人，配备了 5 名专职安全生产管理人员

2. 根据《中华人民共和国安全生产法》，下列应当设置安全生产管理机构或者配备专职安全生产管理人员的是（　　）。

A. 有 150 名从业人员的家具制造单位

B. 运输单位

C. 危险物品储存单位

D. 危险物品装卸单位

3. 下列关于安全管理人员配备的表述，正确的是（　　）。

A. 从业人员在 100 人以下的汽柴油装卸单位，应当配备专职或者兼职的安全生产管理人员

B. 从业人员在 100 人以下的甲醇经营单位，应当配备专职或者兼职的安全生产管理人员

C. 从业人员在 100 人以上的制药单位，应当设置安全生产管理机构或者配备专职安全生产管理人员

D. 从业人员在 100 人以下的苯乙烯储存单位，应当设置安全生产管理机构或者配备专职安全生产管理人员

4. 下列关于配备注册安全工程师的表述，正确的是（　　）。

A. 危险物品的生产、储存、装卸单位均应当配备注册安全工程师从事安全生产管理工作

B. 注册安全工程师按专业分类管理，类别划分为：煤矿安全、金属非金属矿山安全、化工安全、金属冶炼安全、建筑施工安全、道路运输安全、其他安全（不包括消防安全）

C. 从业人员 400 人以上的危险物品生产、经营单位，应当按照不少于安全生产管理人员 15% 的比例配备注册安全工程师；安全生产管理人员在 7 人以下的，至少配备 1 名

D. 注册安全工程师级别设置为高级、中级、初级（助理）

5. 下列关于安全生产管理机构及专职安全生产管理人员的表述，正确的

是（　　）。

  A. 专职安全生产管理人员一般不需要正式任命

  B. 安全生产管理机构是指生产经营单位内部设立的专门负责安全生产管理事务的独立的部门

  C. 专职安全生产管理人员是指在生产经营单位中专门负责安全生产管理，不再兼任其他工作的人员

  D. 安全生产管理机构和专职安全生产管理人员是本单位具体负责安全生产管理事务的部门和人员

6. 根据《危险化学品企业重点人员安全资质达标导则（试行）》（应急危化二〔2021〕1号），有生产实体或储存设施构成重大危险源的危险化学品企业，满足（　　）条件的专职安全生产管理人员需达到规定数量。

  A. 具有化工安全相关专业大专及以上学历，或化工相关专业中级及以上专业技术职称，或化工安全相关工种技师及以上技能等级，或化工安全类注册安全工程师资格

  B. 具有3年以上化工行业从业经历

  C. 新入职6个月内接受不少于48学时的安全培训，取得相关安全生产知识和管理能力考核合格证书，每年再培训不少于16学时

  D. 考取安全评价师资格证书

7. 根据《危险化学品企业重点人员安全资质达标导则（试行）》（应急危化二〔2021〕1号），有生产实体或储存设施构成重大危险源的危险化学品企业，具备条件的专职安全生产管理人员需达到（　　）数量要求。

  A. 从业人员不足50人的，至少1名

  B. 从业人员不足100人的，至少1名

  C. 从业人员50人及以上不足100人的，至少2名

  D. 从业人员超过100人的，不低于从业人员总数2%

8. 根据《中华人民共和国安全生产法》，下列属于生产经营单位的安全生产管理机构以及安全生产管理人员法定职责的有（　　）。

  A. 组织制定并实施本单位的生产安全事故应急救援预案

B. 检查本单位的安全生产状况，及时排查生产安全事故隐患，提出改进安全生产管理的建议

C. 组织或者参与本单位应急救援演练

D. 组织开展危险源辨识和评估，督促落实本单位重大危险源的安全管理措施

9. 小王在本单位进行注册安全工程师职业资格注册，并担任本单位安全员。该单位拟新建一工程项目，领导要求小王参加建设项目安全设施审查会议，但不需要提出意见。小王正确的做法是（　　）。

A. 事先了解建设项目安全预评价的相关内容

B. 参加建设项目安全设施的审查工作，并签署意见

C. 按照领导意图只参会，不发表意见

D. 不表态，只需做好会议记录

## 三、判断题

1. 根据《中华人民共和国安全生产法》，从业人员在300人以下的，应当配备专职或者兼职的安全生产管理人员。（　　）

2. 某危险化学品生产单位从业人员400人，按规定配备了10名专职安全生产管理人员，其中至少有1名人员是注册安全工程师。（　　）

3. 生产经营单位不得因安全生产管理人员依法履行职责而降低其工资、福利等待遇或者解除与其订立的劳动合同。（　　）

4. 根据《危险化学品企业重点人员安全资质达标导则（试行）》（应急危化二〔2021〕1号），危险化学品企业均需配备专职安全生产管理人员。（　　）

5. 根据《危险化学品企业重点人员安全资质达标导则（试行）》（应急危化二〔2021〕1号），危险化学品企业从业人员在300人以上的，专职安全生产管理人员中化工安全类注册安全工程师的比例不得低于5%，且至少应当配备1名。（　　）

6. 根据《危险化学品企业重点人员安全资质达标导则（试行）》（应急危

化二〔2021〕1号），危险化学品企业高风险岗位操作人员不得一人多岗。

（　　）

# 参考答案及解析

## 一、单项选择题

1. C

【解析】根据《中华人民共和国安全生产法》第二十四条规定，矿山、金属冶炼、建筑施工、运输单位和危险物品的生产、经营、储存、装卸单位，应当设置安全生产管理机构或者配备专职安全生产管理人员。前款规定以外的其他生产经营单位，从业人员超过100人的，应当设置安全生产管理机构或者配备专职安全生产管理人员；从业人员在100人以下的，应当配备专职或者兼职的安全生产管理人员。

2. D

【解析】根据《危险化学品从业单位安全生产标准化评审标准》（安监总管三〔2011〕93号）第2.4条规定，危险化学品企业安全生产组织机构应符合以下规定：

（1）设置安全生产委员会。

（2）设置安全生产管理机构或配备专职安全管理人员。安全生产管理机构要具备相对独立职能。专职安全生产管理人员应不少于企业员工总数的2%（不足50人的企业至少配备1人），要具备化工或安全管理相关专业中专以上学历，有从事化工生产相关工作2年以上经历。

(3) 按规定配备注册安全工程师，且至少有1名具有3年化工安全生产经历；或委托安全生产中介机构选派注册安全工程师提供安全生产管理服务。

3. D

【解析】根据《危险化学品企业重大危险源安全包保责任制办法（试行）》（应急厅〔2021〕12号）第十五条规定，重大危险源的主要负责人，应当由危化学品企业的主要负责人担任。

4. C

【解析】根据《危险化学品企业重点人员安全资质达标导则（试行）》（应急危化二〔2021〕1号）第2.2条规定，有生产实体或储存设施构成重大危险源的危险化学品企业，具备条件的专职安全生产管理人员需达到以下数量：从业人员50人及以上不足100人的，至少2名。

5. A

【解析】略。

6. B

【解析】根据《中华人民共和国安全生产法》第二十七条规定，生产经营单位的主要负责人和安全生产管理人员必须具备与本单位所从事的生产经营活动相应的安全生产知识和管理能力。

7. A

【解析】根据《中华人民共和国安全生产法》第二十一条规定，"组织制定并实施本单位安全生产规章制度和操作规程"属于生产经营单位主要负责人的法定职责。

8. D

【解析】根据《中华人民共和国安全生产法》第二十四条规定，矿山、金属冶炼、建筑施工、运输单位和危险物品的生产、经营、储存、装卸单位，应当设置安全生产管理机构或者配备专职安全生产管理人员。根据《危险化学品从业单位安全生产标准化评审标准》（安监总管三〔2011〕93号）第2.4条规定，危险化学品企业专职安全生产管理人员应不少于企业员工总数的2%（不足50人的企业至少配备1人）。

9. C

【解析】根据《注册安全工程师管理规定》（国家安全生产监督管理总局令第11号）第十九条规定，生产经营单位的下列安全生产工作，应有注册安全工程师参与并签署意见：

（1）制定安全生产规章制度、安全技术操作规程和作业规程；

（2）排查事故隐患，制定整改方案和安全措施；

（3）制订从业人员安全培训计划；

（4）选用和发放劳动防护用品；

（5）生产安全事故调查；

（6）制定重大危险源检测、评估、监控措施和应急救援预案；

（7）其他安全生产工作事项。

## 二、多项选择题

1. ADE

【解析】根据《中华人民共和国安全生产法》第二十四条规定，矿山、金属冶炼、建筑施工、运输单位和危险物品的生产、经营、储存、装卸单位，应当设置安全生产管理机构或者配备专职安全生产管理人员。前款规定以外的其他生产经营单位，从业人员超过100人的，应当设置安全生产管理机构或者配备专职安全生产管理人员；从业人员在100人以下的，应当配备专职或者兼职的安全生产管理人员。专职安全生产管理人员应不少于企业员工总数的2%（不足50人的企业至少配备1人）。

2. ABCD

【解析】同上。

3. CD

【解析】同上。

4. ABD

【解析】C选项错误。根据《注册安全工程师管理规定》（国家安全生产监督管理总局令第11号）第六条规定，从业人员300人以上的煤矿、非煤矿矿山、建筑施工单位和危险物品生产、经营单位，应当按照不少于安全生产管理人员15%的比例配备注册安全工程师；安全生产管理人员在7人以下的，至少配备1名。

5. BCD

【解析】A选项错误。根据《危险化学品企业重点人员安全资质达标导则（试行）》（应急危化二〔2021〕1号）第2.1条规定，专职安全生产管理人员需正式任命,专门从事本企业安全管理工作,一般不得兼任或兼职其他工作。

6. ABC

【解析】根据《危险化学品企业重点人员安全资质达标导则(试行)》(应急危化二〔2021〕1号)第2.2条规定,有生产实体或储存设施构成重大危险源的危险化学品企业,满足下列条件的专职安全生产管理人员需达到规定数量:

(1)具有化工安全相关专业大专及以上学历,或化工相关专业中级及以上专业技术职称,或化工安全相关工种技师及以上技能等级,或化工安全类注册安全工程师资格。

(2)具有3年以上化工行业从业经历。

(3)新入职6个月内接受不少于48学时的安全培训,取得相关安全生产知识和管理能力考核合格证书,每年再培训不少于16学时。

7. ACD

【解析】根据《危险化学品企业重点人员安全资质达标导则(试行)》(应急危化二〔2021〕1号)第2.3条规定,有生产实体或储存设施构成重大危险源的危险化学品企业,具备条件的专职安全生产管理人员需达到以下数量:

(1)从业人员不足50人的,至少1名。

(2)从业人员50人及以上不足100人的,至少2名。

(3)从业人员超过100人的,不低于从业人员总数2%。

8. BCD

【解析】A选项错误。根据《中华人民共和国安全生产法》第二十一条规定,"组织制定并实施本单位的生产安全事故应急救援预案"属于生产经营单位的主要负责人的法定职责。

9. AB

【解析】根据《注册安全工程师管理规定》(国家安全生产监督管理总局令第11号)第十九条规定,生产经营单位的下列安全生产工作,应有注册安全工程师参与并签署意见:

(1)制定安全生产规章制度、安全技术操作规程和作业规程;

(2)排查事故隐患,制定整改方案和安全措施;

(3) 制订从业人员安全培训计划;

(4) 选用和发放劳动防护用品;

(5) 生产安全事故调查;

(6) 制定重大危险源检测、评估、监控措施和应急救援预案;

(7) 其他安全生产工作事项。

### 三、判断题

1. 错误

【解析】根据《中华人民共和国安全生产法》第二十四条规定,矿山、金属冶炼、建筑施工、运输单位和危险物品的生产、经营、储存、装卸单位,应当设置安全生产管理机构或者配备专职安全生产管理人员。前款规定以外的其他生产经营单位,从业人员超过100人的,应当设置安全生产管理机构或者配备专职安全生产管理人员;从业人员在100人以下的,应当配备专职或者兼职的安全生产管理人员。

2. 错误

【解析】根据《注册安全工程师管理规定》(国家安全生产监督管理总局令第11号)第六条的规定,从业人员300人以上的煤矿、非煤矿矿山、建筑施工单位和危险物品生产、经营单位,应当按照不少于安全生产管理人员15%的比例配备注册安全工程师;安全生产管理人员在7人以下的,至少配备1名。该企业有10名专职安全生产管理人员,注册安全工程师配备人员应为2名。

3. 正确

【解析】根据《中华人民共和国安全生产法》第二十六条规定,生产经营单位不得因安全生产管理人员依法履行职责而降低其工资、福利等待遇或者解除与其订立的劳动合同。

4. 正确

【解析】根据《危险化学品企业重点人员安全资质达标导则(试行)》(应急危化二〔2021〕1号)第2.1条规定,涉及重点监管危险化学品、重点监管危险化工工艺、重大危险源生产装置和储存设施的危险化学品企业,应设置相对独立的安全管理机构；其他危险化学品企业需配备专职安全生产管理人员。

5. 错误

【解析】根据《危险化学品企业重点人员安全资质达标导则（试行）》（应急危化二〔2021〕1号）第2.4条规定，危险化学品企业从业人员在300人以上的，专职安全生产管理人员中化工安全类注册安全工程师的比例不得低于15%，且至少应当配备1名。

6. 正确

【解析】根据《危险化学品企业重点人员安全资质达标导则（试行）》（应急危化二〔2021〕1号）第2.6条规定，高风险岗位操作人员不得一人多岗。

# 第二节　安全生产投入

## 习　　题

### 一、单项选择题

1. 根据《中华人民共和国安全生产法》，公司制企业安全生产投入资金由（　　）予以保证。

　　A. 厂长　　　　B. 投资人　　　C. 董事会　　　D. 总经理

2. 根据《中华人民共和国安全生产法》，私营企业或个体户安全生产投入资金由（　　）予以保证。

　　A. 董事长　　　B. 投资人　　　C. 总经理　　　D. 厂长

3. 根据《中华人民共和国安全生产法》，下列关于安全生产费用的表述，错误的是（　　）。

　　A. 生产经营单位应当按照规定提取和使用安全生产费用，专门用于改善安全生产条件

　　B. 安全生产费用在成本中据实列支

C. 安全生产费用是指专门用于购置安全生产设施的费用

D. 生产经营单位新建、改建、扩建工程项目的安全设施投资应当纳入建设项目概算

4. 某化工企业上年度安全生产费用的结余将结转本年度，可作为（　　）使用。

  A. 电费      B. 办公费

  C. 起重设备购置费   D. 可燃气体检测仪年检费

5. 某环氧乙烷生产企业 2022 年营业收入 2 000 万元，2023 年应该提取的安全生产费用为（　　）万元。

  A. 25   B. 45   C. 67.5   D. 90

6. 某危险化学品储存企业 2022 年营业收入 6 000 万元，2023 年提取安全生产费用 100 万元，应急管理部门会同财政部门责令其（　　）。

  A. 限期改正，不予罚款

  B. 限期改正，并依照《中华人民共和国安全生产法》《中华人民共和国会计法》和相关法律法规进行处理、处罚

  C. 停产停业整改

  D. 局部停产整顿

7. 根据《企业安全生产费用提取和使用管理办法》（财资〔2022〕136号），下列关于安全生产费用管理的表述，错误的是（　　）。

  A. 企业提取的安全生产费用，由当地应急管理部门集中管理

  B. 新建企业和投产不足一年的企业当年安全生产费用据实列支，年末以当年营业收入为依据进行计提

  C. 安全生产费用是专门用于完善和改进企业或者项目安全生产条件的资金

  D. 安全生产费用按照"筹措有章、支出有据、管理有序、监督有效"的原则进行管理

8. 根据《企业安全生产费用提取和使用管理办法》（财资〔2022〕136号），下列不属于危险化学品企业安全生产费用支出范围的是（　　）。

A. 安全教育培训的费用　　B. 开展重大危险源评估的费用

C. 配备空气呼吸器的费用　　D. 危废库房工程建设费用

9. 根据《企业安全生产费用提取和使用管理办法》(财资〔2022〕136 号)，下列关于某股份制危险化学品生产企业安全生产费用的提取、使用、监督的表述，正确的是（　　）。

　　A. 企业安全生产费用暂借原材料供应商，必须经企业董事会召开年度资金会议批准

　　B. 企业提取的安全生产费用交由同级财政部门集中代管，便于监督

　　C. 企业建立安全生产费用管理制度，明确企业安全生产费用提取和使用的程序、职责及权限

　　D. 安全生产费用属于企业自提自用资金，该费用的提取、使用和管理不受应急管理部门监督检查

10. 某化工企业年产 100 万吨乙烯，目前采购原料的资金缺口 800 万元。财务部门拟将本年度未使用的安全生产费用用于采购原料，并请示企业主要负责人。企业主要负责人正确的回复应为（　　）。

　　A. 在保证安全的前提下，可以挪用

　　B. 在保证利润的前提下，可以挪用

　　C. 不得挪用

　　D. 在保证年度内可以还清的情况下，可以挪用

11. 由于安全生产所必需的资金投入不足导致的后果，应由（　　）承担责任。

　　A. 生产经营单位的安全分管负责人

　　B. 生产经营单位的决策机构、主要负责人或者个人经营的投资人

　　C. 生产经营单位聘请的第三方安全咨询服务机构

　　D. 生产经营单位聘请的财务顾问

12. 下列关于企业安全生产费用提取和使用的表述，错误的是（　　）。

　　A. A 企业是一家危险化学品生产企业，2022 年度营收 1.5 亿元，2023 年提取安全生产费用 275 万元

B. B企业为了加强资金专业化管理，将提取的安全生产费用交由第三方服务咨询机构代为管理

C. C企业建立健全了企业内部安全生产费用管理制度，明确安全生产费用提取和使用的程序、职责及权限

D. D企业是一家危险化学品生产企业，将2022年的部分安全生产费用用于安全生产宣传、教育、培训支出

13. 某地方国有独资企业主要从事危险化学品的生产及储存业务。由于长期亏损，该企业安全生产投入资金严重不足，化工生产装置失修，引发安全生产责任事故。根据安全生产管理的有关规定，该企业应承担安全生产资金投入不足责任的人员是（  ）。

    A. 生产经理    B. 财务总监    C. 安全总监    D. 主要负责人

14. 某危险化学品生产企业为改善安全生产条件，制定了安全生产费用提取和使用管理制度。根据《中华人民共和国安全生产法》，下列关于该企业安全生产费用提取和使用的表述，正确的是（  ）。

A. 安全生产费用不可在成本中列支

B. 该企业可使用安全生产费用提高安全生产管理人员待遇

C. 该企业应当在成本中据实列支安全生产费用

D. 该企业在发生亏损时可以停止提取安全生产费用

## 二、多项选择题

1. 根据《企业安全生产费用提取和使用管理办法》（财资〔2022〕136号），下列可以列入危险化学品企业安全生产费用支出范围的是（  ）。

A. 实战应急演练的支出

B. 安全阀的校验费用

C. 安全管理人员的工资

D. 为现场人员购置安全帽的支出

2. 根据《企业安全生产费用提取和使用管理办法》（财资〔2022〕136号），下列关于安全生产费用管理的表述，正确的是（  ）。

A. 安全生产费用按照"筹措有章、支出有据、管理有序、监督有效"的原则进行管理

B. 企业应当建立健全内部安全生产费用管理制度，明确安全生产费用提取和使用的程序、职责及权限，落实责任，确保按规定提取和使用安全生产费用

C. 企业应当加强安全生产费用管理，编制年度企业安全生产费用提取和使用计划，纳入企业财务预算，确保资金投入

D. 企业专项核算和归集安全生产费用，真实反映安全生产条件改善投入，不得挤占、挪用

3. 根据《企业安全生产费用提取和使用管理办法》（财资〔2022〕136号），下列关于安全生产费用提取的表述，正确的是（　　）。

A. A企业是一家大型成品油储存企业，2022年营业收入800万元，净利润是200万元，2023年应提取安全生产费用30万元

B. B企业是一家甲醇生产企业，2022年营业收入1 200万元，净利润是380万元，2023年应提取安全生产费用49.5万元

C. C企业是一家三氯化磷生产企业，2022年营业收入5 000万元，净利润是1 500万元，2023年应提取安全生产费用135万元

D. D企业是一家硝基苯生产企业，2022年营业收入2亿元，净利润是7 000万元，2023年应提取安全生产费用250万元

4. 根据《中华人民共和国安全生产法》，个人经营的投资人不依照本法规定保证安全生产所必需的资金投入，致使生产经营单位不具备安全生产条件的，并导致发生生产安全事故的，对个人经营的投资人（　　）。

A. 处5万元以上10万元以下的罚款

B. 处2万元以上20万元以下的罚款

C. 构成犯罪的，依照刑法有关规定追究刑事责任

D. 给予撤职处分

## 三、判断题

1. 生产经营单位新建、改建、扩建工程项目（以下统称建设项目）的安全设施，必须与主体工程同时设计、同时施工、同时投入生产和使用。安全设施投资不能纳入建设项目概算。（　　）

2. 某危险化学品生产企业安全生产标准化建设费用可以列支安全生产费用。（　　）

3. 某危险化学品生产企业将环境预案评审咨询费列支安全生产费用。（　　）

4. 某危险化学品生产企业将建筑物防雷检测费以及安全阀年度校验费用均列支安全生产费用。（　　）

5. 保证本单位安全生产投入的有效实施是企业主要负责人的法定职责。（　　）

6. 根据《企业安全生产费用提取和使用管理办法》（财资〔2022〕136号），企业安全生产费用年度结余资金可用作其他费用支出，下一年度重新提取。（　　）

7. 根据《企业安全生产费用提取和使用管理办法》（财资〔2022〕136号），危险品生产与储存企业转产、停产、停业或者解散的，应当将安全生产费用结余用于处理转产、停产、停业或者解散前的危险品生产或者储存设备、库存产品及生产原料支出。（　　）

8. 某危险化学品生产企业2021年亏损500万，2022年可以暂缓提取安全生产费用。（　　）

# 参考答案及解析

## 一、单项选择题

1. C

【解析】根据《中华人民共和国安全生产法》第二十三条规定，生产经营单位应当具备的安全生产条件所必需的资金投入，由生产经营单位的决策机构、主要负责人或者个人经营的投资人予以保证，并对由于安全生产所必需的资金投入不足导致的后果承担责任。

对于实行公司制的生产经营单位，就要由其决策机构如股东会、董事会，保证其安全生产的资金投入。

2. B

【解析】同上。

3. C

【解析】根据《中华人民共和国安全生产法》第三十一条规定，生产经营单位新建、改建、扩建工程项目（以下统称建设项目）的安全设施，必须与主体工程同时设计、同时施工、同时投入生产和使用。安全设施投资应当纳入建设项目概算。根据《企业安全生产费用提取和使用管理办法》（财资〔2022〕136号）第三条规定，安全生产费用是指企业按照规定标准提取，在成本（费用）中列支，专门用于完善和改进企业或者项目安全生产条件的资金。

4. D

【解析】根据《企业安全生产费用提取和使用管理办法》（财资〔2022〕136号）第二十二条规定，安全设施及特种设备检测检验、检定校准支出可以列支危险品生产与储存企业安全生产费用。

5. C

【解析】根据《企业安全生产费用提取和使用管理办法》（财资〔2022〕136号）第二十一条规定，危险品生产与储存企业以上一年度营业收入为依据，采取超额累退方式确定本年度应计提金额，并逐月平均提取。具体如下：

（1）上一年度营业收入不超过1 000万元的，按照4.5%提取；

（2）上一年度营业收入超过1 000万元至1亿元的部分，按照2.25%提取；

（3）上一年度营业收入超过1亿元至10亿元的部分，按照0.55%提取；

（4）上一年度营业收入超过10亿元的部分，按照0.2%提取。

该企业2023年应该提取的安全生产费用＝1 000万元×4.5%＋（2 000－

1 000）万元×2.25%＝67.5 万元。

6. B

【解析】根据《企业安全生产费用提取和使用管理办法》（财资〔2022〕136号）第六十二条规定，企业未按本办法提取和使用安全生产费用的，由县级以上应急管理部门、矿山安全监察机构及其他负有安全生产监督管理职责的部门和财政部门按照职责分工，责令限期改正，并依照《中华人民共和国安全生产法》《中华人民共和国会计法》和相关法律法规进行处理、处罚。情节严重、性质恶劣的，依照有关规定实施联合惩戒。

7. A

【解析】根据《企业安全生产费用提取和使用管理办法》（财资〔2022〕136号）第六十条规定，企业提取的安全生产费用属于企业自提自用资金，除集团总部按规定统筹使用外，任何单位和个人不得采取收取、代管等形式对其进行集中管理和使用。法律、行政法规另有规定的，从其规定。

8. D

【解析】根据《企业安全生产费用提取和使用管理办法》（财资〔2022〕136号）第二十二条规定，危险品生产与储存企业安全生产费用应当按照以下范围使用：

（1）完善、改造和维护安全防护设施设备支出（不含"三同时"要求初期投入的安全设施），包括车间、库房、罐区等作业场所的监控、监测、通风、防晒、调温、防火、灭火、防爆、泄压、防毒、消毒、中和、防潮、防雷、防静电、防腐、防渗漏、防护围堤和隔离操作等设施设备支出。

（2）配备、维护、保养应急救援器材、设备支出和应急救援队伍建设、应急预案制修订与应急演练支出。

（3）开展重大危险源检测、评估、监控支出，安全风险分级管控和事故隐患排查整改支出，安全生产风险监测预警系统等安全生产信息系统建设、运维和网络安全支出。

（4）安全生产检查、评估评价（不含新建、改建、扩建项目安全评价）、咨询和标准化建设支出。

（5）配备和更新现场作业人员安全防护用品支出。

（6）安全生产宣传、教育、培训和从业人员发现并报告事故隐患的奖励支出。

（7）安全生产适用的新技术、新标准、新工艺、新装备的推广应用支出。

（8）安全设施及特种设备检测检验、检定校准支出。

（9）安全生产责任保险支出。

（10）与安全生产直接相关的其他支出。

9. C

【解析】根据《企业安全生产费用提取和使用管理办法》（财资〔2022〕136号）第四十六条规定，企业应当加强安全生产费用管理，编制年度企业安全生产费用提取和使用计划，纳入企业财务预算，确保资金投入。根据第六十一条规定，各级应急管理部门、矿山安全监察机构及其他负有安全生产监督管理职责的部门和财政部门依法对企业安全生产费用提取、使用和管理进行监督检查。

10. C

【解析】根据《企业安全生产费用提取和使用管理办法》（财资〔2022〕136号）第四条规定，企业专项核算和归集安全生产费用，真实反映安全生产条件改善投入，不得挤占、挪用。

11. B

【解析】根据《中华人民共和国安全生产法》第二十三条规定，生产经营单位应当具备的安全生产条件所必需的资金投入，由生产经营单位的决策机构、主要负责人或者个人经营的投资人予以保证，并对由于安全生产所必需的资金投入不足导致的后果承担责任。

12. B

【解析】根据《企业安全生产费用提取和使用管理办法》（财资〔2022〕136号）第六十条规定，企业提取的安全生产费用属于企业自提自用资金，除集团总部按规定统筹使用外，任何单位和个人不得采取收取、代管等形式对其进行集中管理和使用。法律、行政法规另有规定的，从其规定。

13. D

【解析】根据《中华人民共和国安全生产法》第二十一条规定，主要负责人负有保证本单位安全生产投入的有效实施的职责。

14. C

【解析】根据《中华人民共和国安全生产法》第二十三条规定,有关生产经营单位应当按照规定提取和使用安全生产费用,专门用于改善安全生产条件。安全生产费用在成本中据实列支。

## 二、多项选择题

1. ABD

【解析】根据《企业安全生产费用提取和使用管理办法》(财资〔2022〕136号)第二十二条规定,危险品生产与储存企业安全生产费用应当按照以下范围使用:

(1)完善、改造和维护安全防护设施设备支出(不含"三同时"要求初期投入的安全设施),包括车间、库房、罐区等作业场所的监控、监测、通风、防晒、调温、防火、灭火、防爆、泄压、防毒、消毒、中和、防潮、防雷、防静电、防腐、防渗漏、防护围堤和隔离操作等设施设备支出。

(2)配备、维护、保养应急救援器材、设备支出和应急救援队伍建设、应急预案制修订与应急演练支出。

(3)开展重大危险源检测、评估、监控支出,安全风险分级管控和事故隐患排查整改支出,安全生产风险监测预警系统等安全生产信息系统建设、运维和网络安全支出。

(4)安全生产检查、评估评价(不含新建、改建、扩建项目安全评价)、咨询和标准化建设支出。

(5)配备和更新现场作业人员安全防护用品支出。

(6)安全生产宣传、教育、培训和从业人员发现并报告事故隐患的奖励支出。

(7)安全生产适用的新技术、新标准、新工艺、新装备的推广应用支出。

(8)安全设施及特种设备检测检验、检定校准支出。

(9)安全生产责任保险支出。

(10)与安全生产直接相关的其他支出。

2. ABCD

【解析】略。

3. BC

【解析】根据《企业安全生产费用提取和使用管理办法》(财资〔2022〕136号)第二十一条规定,危险品生产与储存企业以上一年度营业收入为依据,采取超额累退方式确定本年度应计提金额,并逐月平均提取。具体如下:

(1) 上一年度营业收入不超过 1 000 万元的,按照 4.5% 提取。

(2) 上一年度营业收入超过 1 000 万元至 1 亿元的部分,按照 2.25% 提取。

(3) 上一年度营业收入超过 1 亿元至 10 亿元的部分,按照 0.55% 提取。

(4) 上一年度营业收入超过 10 亿元的部分,按照 0.2% 提取。

4. BC

【解析】根据《中华人民共和国安全生产法》第九十三条规定,生产经营单位的决策机构、主要负责人或者个人经营的投资人不依照本法规定保证安全生产所必需的资金投入,致使生产经营单位不具备安全生产条件的,责令限期改正,提供必需的资金;逾期未改正的,责令生产经营单位停产停业整顿。有前款违法行为,导致发生生产安全事故的,对生产经营单位的主要负责人给予撤职处分,对个人经营的投资人处 2 万元以上 20 万元以下的罚款;构成犯罪的,依照刑法有关规定追究刑事责任。

### 三、判断题

1. 错误

【解析】根据《中华人民共和国安全生产法》第三十一条规定,生产经营单位新建、改建、扩建工程项目(以下统称建设项目)的安全设施,必须与主体工程同时设计、同时施工、同时投入生产和使用。安全设施投资应当纳入建设项目概算。

2. 正确

【解析】根据《企业安全生产费用提取和使用管理办法》(财资〔2022〕136号)第二十二条规定,安全生产检查、评估评价(不含新建、改建、扩建项目安全评价）、咨询和标准化建设支出，可以列支危险品生产与储存企业安全生产费用。

3. 错误

【解析】略。

4. 正确

【解析】根据《企业安全生产费用提取和使用管理办法》（财资〔2022〕136号）第二十二条规定，完善、改造和维护安全防护设施设备支出（不含"三同时"要求初期投入的安全设施），包括车间、库房、罐区等作业场所的监控、监测、通风、防晒、调温、防火、灭火、防爆、泄压、防毒、消毒、中和、防潮、防雷、防静电、防腐、防渗漏、防护围堤和隔离操作等设施设备支出；安全设施及特种设备检测检验、检定校准支出可以列支安全生产费用。

5. 正确

【解析】略。

6. 错误

【解析】根据《企业安全生产费用提取和使用管理办法》（财资〔2022〕136号）第四十七条规定，企业安全生产费用年度结余资金结转下年度使用。第四条规定，企业专项核算和归集安全生产费用，真实反映安全生产条件改善投入，不得挤占、挪用。

7. 正确

【解析】根据《企业安全生产费用提取和使用管理办法》（财资〔2022〕136号）第五十九条规定，危险品生产与储存企业转产、停产、停业或者解散的，应当将企业安全生产费用结余用于处理转产、停产、停业或者解散前的危险品生产或者储存设备、库存产品及生产原料支出。

8. 错误

【解析】根据《企业安全生产费用提取和使用管理办法》（财资〔2022〕136号）第二十一条规定，危险品生产与储存企业以上一年度营业收入为依据，采取超额累退方式确定本年度应计提金额，并逐月平均提取。也就是说，企业不管盈亏与否，都要按规定提取安全生产费用。

## 第三节 安全生产规章制度和操作规程

## 习 题

### 一、单项选择题

1. 某化工企业新建一套 100 万吨/年乙烯装置，根据《中华人民共和国安全生产法》，应由企业（    ）组织制定与该项目相适应的企业安全生产规章制度和操作规程。

   A. 安全总监　　　　　　　　B. 技术负责人
   C. 主要负责人　　　　　　　D. 设备负责人

2. 根据《国家安全监管总局关于加强化工过程安全管理的指导意见》（安监总管三〔2013〕88 号），企业管理制度发生变化，属于（    ）。

   A. 组织变更　　B. 管理变更　　C. 临时变更　　D. 综合变更

3. 根据《危险化学品企业重大危险源安全包保责任制办法（试行）》（应急厅〔2021〕12 号），（    ）负责组织制定重大危险源安全生产规章制度和操作规程。

   A. 重大危险源主要负责人　　　B. 重大危险源技术负责人
   C. 重大危险源操作负责人　　　D. 安全分管负责人

4. 根据《中华人民共和国安全生产法》，生产经营单位的从业人员不落实岗位安全责任，不服从管理，违反安全生产规章制度或者操作规程的，由生产经营单位（    ）。

   A. 给予罚款
   B. 给予开除处分
   C. 给予停薪留职
   D. 给予批评教育，依照有关规章制度给予处分

5. 根据《中华人民共和国安全生产法》,生产经营单位制定或者修改有关安全生产的规章制度,应当听取( )的意见。

A. 工会　　　B. 团支部　　　C. 党支部　　　D. 群众组织

6. 根据《危险化学品从业单位安全生产标准化评审标准》(安监总管三〔2011〕93号),安全生产规章制度、安全操作规程至少( )评审和修订一次。

A. 每年　　　B. 每3年　　　C. 每5年　　　D. 每6年

7. 根据《危险化学品从业单位安全生产标准化评审标准》(安监总管三〔2011〕93号),下列关于安全生产规章制度和操作规程的表述,正确的是( )。

A. 企业安全生产规章制度和操作规程最新版本生效后,和旧版本具有同等的效力

B. 特殊作业安全管理规定直接执行国家标准即可,无须再制定企业的安全作业管理规章制度

C. 安全生产规章制度应具有可操作性

D. 企业安全分管负责人负责组织审定并签发安全生产规章制度

8. 根据《国家安全监管总局关于加强化工过程安全管理的指导意见》(安监总管三〔2013〕88号),下列关于操作规程的表述,错误的是( )。

A. 企业要制定操作规程管理制度

B. 操作规程应及时反映安全生产信息、安全要求和注意事项的变化

C. 企业每年要对操作规程的适应性和有效性进行确认,至少每5年要对操作规程进行审核修订

D. 当工艺技术、设备发生重大变更时,要及时审核修订操作规程

9. 根据《国家安全监管总局关于加强化工过程安全管理的指导意见》(安监总管三〔2013〕88号),企业要确保作业现场始终存有最新版本的操作规程文本,以方便现场操作人员随时查用;定期开展操作规程培训和考核,建立培训记录和考核成绩档案;鼓励( )分享安全操作经验,参与操作规程的编制、修订和审核。

A. 各级领导　　B. 管理人员　　C. 技术人员　　D. 从业人员

## 二、多项选择题

1. 根据《危险化学品生产企业安全生产许可证实施办法》（国家安全生产监督管理总局令第 89 号），下列属于企业需要建立的规章制度的有（　　）。

  A. 特种作业人员管理制度　　B. 变更管理制度

  C. 承包商管理制度　　D. 安全培训教育制度

  E. 安全投入保障制度

2. 根据《国家安全监管总局关于加强化工过程安全管理的指导意见》（安监总管三〔2013〕88 号），下列关于操作规程的表述，正确的是（　　）。

  A. 操作规程应由设备管理部门起草，从业人员作为执行者，不能参与起草过程

  B. 企业要确保作业现场始终存有最新版本的操作规程文本，以方便现场操作人员随时查用

  C. 定期开展操作规程培训和考核，建立培训记录和考核成绩档案

  D. 鼓励从业人员分享安全操作经验，参与操作规程的编制、修订和审核

3. 根据《危险化学品从业单位安全生产标准化评审标准》（安监总管三〔2011〕93 号），在发生下列（　　）情况时，应及时对相关的规章制度或操作规程进行评审、修订。

  A. 当国家安全生产法律、法规、规程、标准废止、修订或新颁布时

  B. 当生产设施新建、扩建、改建时

  C. 当工艺、技术路线和装置设备发生变更时

  D. 当上级应急管理部门提出相关整改意见时

  E. 当安全检查、风险评价过程中发现涉及规章制度层面的问题时

4. 根据《国家安全监管总局关于加强化工过程安全管理的指导意见》（安监总管三〔2013〕88 号），操作规程包括的内容有（　　）。

  A. 开车、正常操作、临时操作、应急操作、正常停车和紧急停车的操作步骤与安全要求

B. 工艺参数的正常控制范围，偏离正常工况的后果

C. 防止和纠正偏离正常工况的方法及步骤

D. 操作过程的人身安全保障、职业健康注意事项

5. 根据《国家安全监管总局关于加强化工过程安全管理的指导意见》（安监总管三〔2013〕88号），企业要制定化工过程风险管理制度，明确（　　），规定风险分析结果应用和改进措施落实的要求，对生产全过程进行风险辨识分析。

　　A. 风险辨识范围　　　　　B. 风险辨识方法

　　C. 风险辨识频次　　　　　D. 风险辨识责任人

6. 根据《国家安全监管总局关于加强化工过程安全管理的指导意见》（安监总管三〔2013〕88号），企业要加强开停车安全管理，制定的制度包括（　　）。

　　A. 开停车人员管理制度

　　B. 开停车安全条件检查确认制度

　　C. 重要作业责任人签字确认制度

　　D. 开停车资金管理制度

7. 根据《国家安全监管总局关于加强化工过程安全管理的指导意见》（安监总管三〔2013〕88号），企业要建立装置泄漏监（检）测管理制度。企业要统计和分析可能出现泄漏的（　　）。

　　A. 部位　　　B. 物料种类　　　C. 临界量　　　D. 最大量

8. 根据《国家安全监管总局关于加强化工过程安全管理的指导意见》（安监总管三〔2013〕88号），企业要建立并不断完善设备管理制度，主要包括（　　）。

　　A. 设备台账管理制度

　　B. 装置泄漏监（检）测管理制度

　　C. 电气安全管理制度

　　D. 仪表自动化控制系统安全管理制度

三、判断题

1. 安全操作规程是员工操作机器设备、调整仪器仪表和其他作业过程中，

必须遵守的程序和注意事项。　　　　　　　　　　　　　　（　　）

2. 生产经营单位的主要负责人应参与拟订本单位安全生产规章制度、操作规程和生产安全事故应急救援预案。　　　　　　　　　　（　　）

3. 化工企业均应建立重大危险源安全包保管理制度。　　　（　　）

4. 企业要建立安全生产信息管理制度，及时更新信息文件。（　　）

5. 企业操作规程本身就是一种制度，无须再制定操作规程管理制度。
　　　　　　　　　　　　　　　　　　　　　　　　　　　（　　）

6. 企业要建立承包商安全管理制度，将承包商在本企业发生的、由本单位负主责的事故纳入企业事故管理。　　　　　　　　　　　（　　）

7. 根据《国家安全监管总局关于加强化工过程安全管理的指导意见》（安监总管三〔2013〕88号），企业变更管理制度应当明确是否修改操作规程的相关内容。　　　　　　　　　　　　　　　　　　　　　　　　　　　（　　）

8. 根据《国家安全监管总局关于加强化工过程安全管理的指导意见》（安监总管三〔2013〕88号），企业要建立应急物资储备制度，加强应急物资储备和动态管理，定期核查并及时补充和更新。　　　　　　　　　　（　　）

9. 生产经营单位使用被派遣劳动者的，不必对被派遣劳动者进行岗位安全操作规程和安全操作技能的教育和培训。　　　　　　　　　（　　）

10. 从业人员在作业过程中，应当严格落实岗位安全责任，遵守本单位的安全生产规章制度和操作规程，服从管理，正确佩戴和使用劳动防护用品。
　　　　　　　　　　　　　　　　　　　　　　　　　　　（　　）

11. 安全生产分管负责人协助主要负责人组织制定并实施本单位安全生产规章制度和操作规程。　　　　　　　　　　　　　　　　　（　　）

## 参考答案及解析

一、单项选择题

1. C

【解析】根据《中华人民共和国安全生产法》第二十一条规定，生产经营单位的主要负责人组织制定并实施本单位安全生产规章制度和操作规程。

2. B

【解析】根据《国家安全监管总局关于加强化工过程安全管理的指导意见》（安监总管三〔2013〕88号）第（二十三）条规定，管理变更主要包括人员、供应商和承包商、管理机构、管理职责、管理制度和标准发生变化等。

3. A

【解析】根据《危险化学品企业重大危险源安全包保责任制办法（试行）》（应急厅〔2021〕12号）第四条规定，重大危险源的主要负责人负责组织制定重大危险源安全生产规章制度和操作规程，并采取有效措施保证其得到执行。

4. D

【解析】根据《中华人民共和国安全生产法》第一百零七条规定，生产经营单位的从业人员不落实岗位安全责任，不服从管理，违反安全生产规章制度或者操作规程的，由生产经营单位给予批评教育，依照有关规章制度给予处分；构成犯罪的，依照刑法有关规定追究刑事责任。

5. A

【解析】根据《中华人民共和国安全生产法》第七条规定，工会依法对安全生产工作进行监督。生产经营单位的工会依法组织职工参加本单位安全生产工作的民主管理和民主监督，维护职工在安全生产方面的合法权益。生产经营单位制定或者修改有关安全生产的规章制度，应当听取工会的意见。

6. B

【解析】略。

7. C

【解析】根据《危险化学品从业单位安全生产标准化评审标准》（安监总管三〔2011〕93号），A选项错误，企业应保证使用最新有效版本的安全生产规章制度和操作规程；B选项错误，企业应制定安全作业管理规章制度；D选项错误，企业主要负责人负责组织审定并签发安全生产规章制度。

8. C

【解析】根据《国家安全监管总局关于加强化工过程安全管理的指导意见》（安监总管三〔2013〕88号）第（八）条规定，企业每年要对操作规程的适应性和有效性进行确认，至少每3年要对操作规程进行审核修订。

9. D

【解析】根据《国家安全监管总局关于加强化工过程安全管理的指导意见》（安监总管三〔2013〕88号）第（八）条规定，企业要确保作业现场始终存有最新版本的操作规程文本，以方便现场操作人员随时查用；定期开展操作规程培训和考核，建立培训记录和考核成绩档案；鼓励从业人员分享安全操作经验，参与操作规程的编制、修订和审核。

## 二、多项选择题

1. ABCDE

【解析】根据《危险化学品生产企业安全生产许可证实施办法》（国家安全生产监督管理总局令第89号）第十四条规定，企业应建立的管理制度至少应包括以下内容：

（1）安全生产例会等安全生产会议制度；

（2）安全投入保障制度；

（3）安全生产奖惩制度；

（4）安全培训教育制度；

（5）领导干部轮流现场带班制度；

（6）特种作业人员管理制度；

（7）安全检查和隐患排查治理制度；

（8）重大危险源评估和安全管理制度；

（9）变更管理制度；

（10）应急管理制度；

（11）生产安全事故或者重大事件管理制度；

（12）防火、防爆、防中毒、防泄漏管理制度；

（13）工艺、设备、电气仪表、公用工程安全管理制度；

（14）动火、进入受限空间、临时用电、吊装、高处、盲板抽堵、动土、断路、设备检维修等作业安全管理制度；

（15）危险化学品安全管理制度；

（16）职业健康相关管理制度；

（17）劳动防护用品使用维护管理制度；

（18）承包商管理制度；

（19）安全管理制度及操作规程定期修订制度。

2．BCD

【解析】略。

3．ABCDE

【解析】根据《危险化学品从业单位安全生产标准化评审标准》（安监总管三〔2011〕93号）第4.3条规定，企业应明确评审和修订安全生产规章制度和操作规程的时机和频次，定期进行评审和修订，确保其有效性和适用性。在发生以下情况时，应及时对相关的规章制度或操作规程进行评审、修订：

（1）当国家安全生产法律、法规、规程、标准废止、修订或新颁布时；

（2）当企业归属、体制、规模发生重大变化时；

（3）当生产设施新建、扩建、改建时；

（4）当工艺、技术路线和装置设备发生变更时；

（5）当上级安全监督部门提出相关整改意见时；

（6）当安全检查、风险评价过程中发现涉及规章制度层面的问题时；

（7）当分析重大事故和重复事故原因，发现制度性因素时；

（8）其他相关事项。

4．ABCD

【解析】略。

5．ABCD

【解析】略。

6．BC

【解析】略。

7. ABD

【解析】略。

8. ABCD

【解析】略。

### 三、判断题

1. 正确

【解析】略。

2. 错误

【解析】根据《中华人民共和国安全生产法》第二十一条规定，生产经营单位的主要负责人组织制定并实施本单位安全生产规章制度、操作规程和生产安全事故应急救援预案。

3. 错误

【解析】重大危险源安全包保管理制度的管控对象是危险化学品重大危险源。因此，只有具备重大危险源的企业才需要建立相应的管理制度。

4. 正确

【解析】根据《国家安全监管总局关于加强化工过程安全管理的指导意见》（安监总管三〔2013〕88号）第（四）条规定，企业要建立安全生产信息管理制度，及时更新信息文件。企业要保证生产管理、过程危害分析、事故调查、符合性审核、安全监督检查、应急救援等方面的相关人员能够及时获取最新安全生产信息。

5. 错误

【解析】根据《国家安全监管总局关于加强化工过程安全管理的指导意见》（安监总管三〔2013〕88号）第（八）条规定，企业要制定操作规程管理制度，规范操作规程内容，明确操作规程编写、审查、批准、分发、使用、控制、修改及废止的程序和职责。

6. 错误

【解析】根据《国家安全监管总局关于加强化工过程安全管理的指导意见》

(安监总管三〔2013〕88号)第(二十)条规定，企业要建立承包商安全管理制度，将承包商在本企业发生的事故纳入企业事故管理。

7. 正确

【解析】根据《国家安全监管总局关于加强化工过程安全管理的指导意见》(安监总管三〔2013〕88号)第(二十二)条规定，变更管理制度至少包含以下内容：变更的事项、起始时间，变更的技术基础、可能带来的安全风险，消除和控制安全风险的措施，是否修改操作规程，变更审批权限，变更实施后的安全验收等。

8. 正确

【解析】略。

9. 错误

【解析】根据《中华人民共和国安全生产法》第二十八条规定，生产经营单位使用被派遣劳动者的，应当将被派遣劳动者纳入本单位从业人员统一管理，对被派遣劳动者进行岗位安全操作规程和安全操作技能的教育和培训。劳务派遣单位应当对被派遣劳动者进行必要的安全生产教育和培训。

10. 正确

【解析】略。

11. 正确

【解析】根据《中华人民共和国安全生产法》第二十五条规定，生产经营单位可以设置专职安全生产分管负责人，协助本单位主要负责人履行安全生产管理职责。第二十一条规定，生产经营单位的主要负责人负责组织制定并实施本单位安全生产规章制度和操作规程。

## 第四节 安全生产教育和培训

## 习 题

### 一、单项选择题

1. 根据《生产经营单位安全培训规定》（国家安全生产监督管理总局令第80号），下列关于生产经营单位安全培训的表述，错误的是（　　）。
    A. 从业人员在本生产经营单位内调整工作岗位，应当重新接受车间（工段、区、队）和班组级的安全培训
    B. 从业人员离岗1年以上重新上岗时，应当重新接受车间（工段、区、队）和班组级的安全培训
    C. 生产经营单位采用新工艺、新技术、新材料或者使用新设备时，应当对有关从业人员重新进行有针对性的安全培训
    D. 从业人员离岗2年以上重新上岗时，应当重新接受车间（工段、区、队）和班组级的安全培训

2. 根据《特种作业人员安全技术培训考核管理规定》（国家安全生产监督管理总局令第80号），下列关于特种作业的表述，错误的是（　　）。
    A. 特种作业的范围由企业根据生产需要确定
    B. 特种作业人员是指直接从事特种作业的从业人员
    C. 特种作业人员的范围实行目录管理
    D. 高处作业是指专门或经常在坠落高度基准面2 m以上有可能坠落的高处进行的作业

3. 下列关于特种作业人员操作证复审的表述，错误的是（　　）。
    A. 特种作业操作证每6年复审1次
    B. 特种作业操作证每3年复审1次

C. 特种作业人员在特种作业操作证有效期内，连续从事本工种 10 年以上，经原考核发证机关或者从业所在地考核发证机关同意，特种作业操作证的复审时间可以延长至每 6 年 1 次

D. 特种作业操作证需要复审的，应当在期满前 60 日内提出申请

4. 离开特种作业岗位（　　）个月以上的特种作业人员，应当重新进行实际操作考试，经确认合格后方可上岗作业。

A. 6　　　　　B. 3　　　　　C. 1　　　　　D. 4

5. 根据《生产经营单位安全培训规定》（国家安全生产监督管理总局令第 80 号），下列关于危险化学品企业主要负责人培训学时的表述，正确的是（　　）。

A. 初次安全培训时间不得少于 24 学时

B. 初次安全培训时间不得少于 48 学时

C. 每年再培训时间不得少于 20 学时

D. 每年再培训时间不得少于 8 学时

6. 某企业开会讨论员工安全培训工作。张某认为，安全培训走走形式就行了，别耽误生产；李某认为，培训的重点是安全规章制度和操作规程，不需要培训员工的安全生产权利；赵某认为，他没有经过培训照样上岗也没出事，培训无所谓；王某认为，培训内容应该与工作相关，培训考核不合格不能工作。根据《中华人民共和国安全生产法》，（　　）的说法是正确的。

A. 张某　　　　B. 李某　　　　C. 赵某　　　　D. 王某

7. 三级安全教育制度是企业安全教育的基本教育制度，三级安全教育是入厂教育、车间教育和（　　）教育。

A. 公司　　　　B. 班组　　　　C. 装置　　　　D. 部门

8. 转岗安全教育主要是针对在车间内或厂内换工种的员工，或调换到与原工作岗位操作方法有差异岗位的员工，以及短期参加劳动的人员等。这些人员应由接收单位进行相应工种的安全教育，一般中间需要进行（　　）级安全教育。转岗后为特种作业人员的，要经过特种作业的安全教育和安全技术培训，经考核合格取得操作证后方准上岗作业。

A. 厂、车间、班组　　　　　B. 厂、车间

C. 集团、厂、车间、班组　　D. 车间、班组

9. 生产经营单位采用新工艺、新技术、新材料或者使用新设备，必须了解、掌握其安全技术特性，采取有效的安全防护措施，并对（　　）进行专门的安全生产教育和培训。

A. 班组长　　　　　　　　　B. 特种作业人员

C. 从业人员　　　　　　　　D. 管理人员

10. 危险化学品生产经营单位新上岗的从业人员安全培训时间不得少于（　　）学时，每年接受再培训的时间不得少于（　　）学时。

A. 72，20　　　　　　　　　B. 60，12

C. 48，12　　　　　　　　　D. 24，20

11. 危险化学品特种作业人员应当具备（　　）文化程度。

A. 高中或者相当于高中及以上

B. 初中

C. 大专

D. 本科

## 二、多项选择题

1. 根据《中华人民共和国安全生产法》，危险化学品企业未如实记录安全生产教育和培训情况，由负有安全生产监督管理职责的部门追究其法律责任。下列关于该法律责任追究的表述，正确的是（　　）。

A. 责令限期改正，处 10 万元以下的罚款

B. 责令限期改正后逾期未改正的，责令停产停业整顿，并处 10 万元以上 20 万元以下的罚款

C. 责令限期改正后逾期未改正的，对其直接负责的主管人员处 2 万元以上 5 万元以下的罚款

D. 责令限期改正后逾期未改正的，对其他直接责任人员处 2 万元以上 5 万元以下的罚款

2. 生产经营单位（    ），必须了解、掌握其安全技术特性，采取有效的安全防护措施，并对从业人员进行专门的安全生产教育和培训。

  A. 采用新工艺　　　　　　B. 采用新技术

  C. 采用新材料　　　　　　D. 使用新设备

3. 以下属于班组长安全管理职责的有（    ）。

  A. 落实安全生产规章制度和班组安全操作规程

  B. 保障职业安全健康，防范生产过程各类事故以及职业病的发生

  C. 带头遵章守纪，发挥安全遵纪、守法、带头、示范的作用

  D. 及时报告事故和排查报告事故隐患

4. 生产经营单位必须为从业人员提供符合（    ）或者（    ）的劳动防护用品，并监督、教育从业人员按照使用规则佩戴、使用。

  A. 国家标准　　B. 企业需要　　C. 行业标准　　D. 市场要求

5. 根据中共中央办公厅、国务院办公厅《关于全面加强危险化学品安全生产工作的意见》，危险化学品生产企业新招一线岗位从业人员必须具有（    ）或（    ）并接受危险化学品安全培训，经考核合格后方能上岗。

  A. 化工职业教育背景　　　　B. 普通高中及以上学历

  C. 初中　　　　　　　　　　D. 中专

### 三、判断题

1. 生产经营单位应当对从业人员进行安全生产教育和培训，保证从业人员具备必要的安全生产知识。（    ）

2. 生产经营单位使用被派遣劳动者的，应当将被派遣劳动者纳入本单位从业人员统一管理，对被派遣劳动者进行岗位安全操作规程和安全操作技能的教育和培训。（    ）

3. 对特种作业人员的安全技术培训，必须委托具备安全培训条件的机构进行培训。（    ）

4. 班组是企业管理的基础单元，是生产经营单位各项规章制度和具体工作的最终实施单位。（    ）

5. 班组长是一线从业人员，其作用和操作工人一样。　　　　（　）

6. 从业人员无权对本单位安全生产工作中存在的问题提出批评、检举、控告，但是有权拒绝违章指挥和强令冒险作业。　　　　（　）

7. 班组长提升安全管理能力需要建立机制，如任用机制、管理机制、激励机制等。　　　　（　）

8. 在分析事故责任时，如果查清本企业的员工没按规定进行安全教育和技术培训，或未经工种考试合格上岗操作，应该追究领导者的责任。　　　　（　）

9. 生产经营单位在从业人员同意的情况下订立某种协议，就可以免除或者减轻其对从业人员因生产安全事故伤亡依法应承担的责任。　　　　（　）

# 参考答案及解析

## 一、单项选择题

1. D

【解析】根据《生产经营单位安全培训规定》（国家安全生产监督管理总局令第 80 号）第十七条规定，从业人员在本生产经营单位内调整工作岗位或离岗 1 年以上重新上岗时，应当重新接受车间（工段、区、队）和班组级的安全培训。生产经营单位采用新工艺、新技术、新材料或者使用新设备时，应当对有关从业人员重新进行有针对性的安全培训。

2. A

【解析】根据《特种作业人员安全技术培训考核管理规定》（国家安全生产监督管理总局令第 80 号）第三条规定，特种作业的范围由特种作业目录规定。特种作业人员的范围实行目录管理，根据安全生产工作的需要适时调整。该规定附件中明确，高处作业指专门或经常在坠落高度基准面 2 m 及以上有可能坠落的高处进行的作业。

3. A

【解析】根据《特种作业人员安全技术培训考核管理规定》（国家安全生产

监督管理总局令第 80 号）第二十一条和第二十二条规定，特种作业操作证每 3 年复审 1 次。特种作业人员在特种作业操作证有效期内，连续从事本工种 10 年以上，严格遵守有关安全生产法律法规的，经原考核发证机关或者从业所在地考核发证机关同意，特种作业操作证的复审时间可以延长至每 6 年复审 1 次。特种作业操作证需要复审的，应当在期满前 60 日内，向原考核发证机关或者从业所在地考核发证机关提出申请。

4. A

【解析】根据《特种作业人员安全技术培训考核管理规定》（国家安全生产监督管理总局令第 80 号）第三十二条规定，离开特种作业岗位 6 个月以上的特种作业人员，应当重新进行实际操作考试，经确认合格后方可上岗作业。

5. B

【解析】根据《生产经营单位安全培训规定》（国家安全生产监督管理总局令第 80 号）第九条规定，危险化学品单位主要负责人初次安全培训时间不得少于 48 学时，每年再培训时间不得少于 16 学时。

6. D

【解析】根据《中华人民共和国安全生产法》第二十八条规定，生产经营单位应当对从业人员进行安全生产教育和培训，保证从业人员具备必要的安全生产知识，熟悉有关的安全生产规章制度和安全操作规程，掌握本岗位的安全操作技能，了解事故应急处理措施，知悉自身在安全生产方面的权利和义务。未经安全生产教育和培训合格的从业人员，不得上岗作业。

7. B

【解析】根据《生产经营单位安全培训规定》（国家安全生产监督管理总局令第 80 号）第十二条规定，加工、制造业等生产单位的其他从业人员，在上岗前必须经过厂（矿）、车间（工段、区、队）、班组三级安全培训教育。生产经营单位应当根据工作性质对其他从业人员进行安全培训，保证其具备本岗位安全操作、应急处置等知识和技能。

8. D

【解析】根据《生产经营单位安全培训规定》（国家安全生产监督管理总局

令第 80 号）第十七条规定，从业人员在本生产经营单位内调整工作岗位或离岗 1 年以上重新上岗时，应当重新接受车间（工段、区、队）和班组级的安全培训。

9. C

【解析】根据《中华人民共和国安全生产法》第二十九条规定，生产经营单位采用新工艺、新技术、新材料或者使用新设备，必须了解、掌握其安全技术特性，采取有效的安全防护措施，并对从业人员进行专门的安全生产教育和培训。

10. A

【解析】根据《生产经营单位安全培训规定》（国家安全生产监督管理总局令第 80 号）第十三条规定，生产经营单位新上岗的从业人员，岗前安全培训时间不得少于 24 学时。煤矿、非煤矿山、危险化学品、烟花爆竹、金属冶炼等生产经营单位新上岗的从业人员安全培训时间不得少于 72 学时，每年再培训的时间不得少于 20 学时。

11. A

【解析】根据《特种作业人员安全技术培训考核管理规定》（国家安全生产监督管理总局令第 80 号）第四条规定，企业危险化学品特种作业人员应具备高中或者相当于高中及以上文化程度，能力应满足安全生产要求。

## 二、多项选择题

1. ABCD

【解析】根据《中华人民共和国安全生产法》第九十七条规定，生产经营单位未如实记录安全生产教育和培训情况，责令限期改正，处 10 万元以下的罚款；逾期未改正的，责令停产停业整顿，并处 10 万元以上 20 万元以下的罚款，对其直接负责的主管人员和其他直接责任人员处 2 万元以上 5 万元以下的罚款。

2. ABCD

【解析】根据《中华人民共和国安全生产法》第二十九条规定，生产经营单位采用新工艺、新技术、新材料或者使用新设备，必须了解、掌握其安全技术特性，采取有效的安全防护措施，并对从业人员进行专门的安全生产教育和培训。

3. ABCD

【解析】略。

4. AC

【解析】根据《中华人民共和国安全生产法》第四十五条规定，生产经营单位必须为从业人员提供符合国家标准或者行业标准的劳动防护用品，并监督、教育从业人员按照使用规则佩戴、使用。

5. AB

【解析】根据中共中央办公厅、国务院办公厅《关于全面加强危险化学品安全生产工作的意见》第（十一）条规定，危险化学品生产企业新招一线岗位从业人员必须具有化工职业教育背景或普通高中及以上学历并接受危险化学品安全培训，经考核合格后方能上岗。

### 三、判断题

1. 正确

【解析】根据《中华人民共和国安全生产法》第二十八条规定，生产经营单位应当对从业人员进行安全生产教育和培训，保证从业人员具备必要的安全生产知识，熟悉有关的安全生产规章制度和安全操作规程，掌握本岗位的安全操作技能，了解事故应急处理措施，知悉自身在安全生产方面的权利和义务。

2. 正确

【解析】根据《中华人民共和国安全生产法》第二十八条规定，生产经营单位使用被派遣劳动者的，应当将被派遣劳动者纳入本单位从业人员统一管理，对被派遣劳动者进行岗位安全操作规程和安全操作技能的教育和培训。

3. 错误

【解析】根据《特种作业人员安全技术培训考核管理规定》（国家安全生产监督管理总局令第80号）第十条规定，对特种作业人员的安全技术培训，具备安全培训条件的生产经营单位应当以自主培训为主，也可以委托具备安全培训条件的机构进行培训。

4. 正确

【解析】略。

5. 错误

【解析】班组长的安全生产管理职权有现场决策权、组织指挥权、危机情况组织紧急撤离权。班组长区别于一线员工,有安全管理班组的职权。

6. 错误

【解析】根据《中华人民共和国安全生产法》第五十四条规定,从业人员有权对本单位安全生产工作中存在的问题提出批评、检举、控告;有权拒绝违章指挥和强令冒险作业。

7. 正确

【解析】提升班组长的安全管理能力需要建立机制,如任用机制、管理机制、激励机制。

(1) 任用机制。明确班组长任用标准条件、产生方法和聘任方法,选择具有组织能力、安全意识强、思想觉悟高、有责任心、团结同志、技能过硬和具有丰富的安全和职业卫生知识的人员。

(2) 管理机制。完善班组长岗位责任制,制定聘用和解聘条件、程序;建立定期的思想汇报、工作总结制度;实行班组长定期考核、诫勉谈话和末位淘汰机制。

(3) 激励机制。把班组长纳入企业后备管理人才队伍培养计划,积极从优秀班组长中选拔管理人员,建立班组长竞争机制。

8. 正确

【解析】略。

9. 错误

【解析】根据《中华人民共和国安全生产法》第五十二条规定,生产经营单位与从业人员订立的劳动合同,应当载明有关保障从业人员劳动安全、防止职业危害的事项,以及依法为从业人员办理工伤保险的事项。

生产经营单位不得以任何形式与从业人员订立协议,免除或者减轻其对从业人员因生产安全事故伤亡依法应承担的责任。

## 第五节　安全标准化体系与安全文化

## 习　题

### 一、单项选择题

1. 根据《中华人民共和国安全生产法》，生产经营单位要改善安全生产条件，加强（　　）、信息化建设，构建安全风险分级管控和隐患排查治理双重预防机制。

　　A. 安全生产标准化　　　　B. 风险分级管控
　　C. 危险化学品　　　　　　D. HSE 体系

2. 根据企业安全生产标准化建设定级办法，（　　）为一级企业的定级部门。

　　A. 国务院安委办　　　　　B. 应急管理部
　　C. 省应急管理厅　　　　　D. 设区的市级应急管理部门

3. 根据《危险化学品从业单位安全生产标准化评审标准》（安监总管三〔2011〕93号），危险化学品企业每（　　）至少进行1次安全生产标准化自评，编制自评报告。

　　A. 3年　　B. 1年　　C. 半年　　D. 季度

4. 根据《危险化学品从业单位安全生产标准化评审标准》（安监总管三〔2011〕93号），企业应（　　）至少1次对适用的安全生产法律、法规、标准及其他要求的执行情况进行符合性评价。

　　A. 每年　　B. 每半年　　C. 每季度　　D. 每月

5. 根据《危险化学品从业单位安全生产标准化评审标准》（安监总管三〔2011〕93号），未建立重大危险源管理制度，或未辨识、确定重大危险源，扣（　　）分。

A. 100　　　　B. 50　　　　C. 30　　　　D. 20

6. 根据《危险化学品从业单位安全生产标准化评审标准》（安监总管三〔2011〕93号），企业（　　）组织制定符合本企业实际的、文件化的安全生产方针和年度安全生产目标。

　　A. 分管安全负责人　　　　B. 安全经理

　　C. 主要负责人　　　　　　D. 分管生产副总经理

7. 根据《危险化学品从业单位安全生产标准化评审标准》（安监总管三〔2011〕93号），对涉及剧毒气体的重大危险源，应配备（　　）套以上气密性化学防护服。

　　A. 1　　　　B. 2　　　　C. 3　　　　D. 5

8. 根据《危险化学品从业单位安全生产标准化评审标准》（安监总管三〔2011〕93号），评审一级安全生产标准化的企业，涉及危险化工工艺的化工生产装置未设置（　　）或未建立（　　）功能安全管理体系，扣100分（A级要素否决项）。

　　A. 紧急停车系统，安全联锁系统

　　B. 安全联锁系统，紧急停车系统

　　C. 自动化控制系统，紧急停车系统

　　D. 安全仪表系统，安全仪表系统

9. 根据《企业安全文化建设导则》（AQ/T 9004—2008），企业的（　　）应对安全承诺做出有形的表率，应让各级管理者和员工切身感受到其对安全承诺的实践。

　　A. 车间主任　　B. 安全总监　　C. 领导者　　D. 班组长

10. 根据《企业安全文化建设导则》（AQ/T 9004—2008），企业的（　　）应对安全承诺的实施起到示范和推进作用，形成严谨的制度化工作方法，营造有益于安全的工作氛围，培育重视安全的工作态度。

　　A. 领导者　　　　　　　　B. 各级管理者

　　C. 安全总监　　　　　　　D. 全体员工

11. 根据《企业安全文化建设导则》（AQ/T 9004—2008），企业应将自己的安全承诺传达到（　　），必要时应要求供应商、承包商等提供相应的安全承诺。

A. 相关方　　B. 承包商　　C. 供应商　　D. 客户

12. 根据《企业安全文化建设导则》（AQ/T 9004—2008），企业的（　　）应充分理解和接受企业的安全承诺，并结合岗位工作任务实践这种安全承诺。

A. 领导者　　　　　　　　B. 各级管理者

C. 承包商　　　　　　　　D. 员工

13. 根据《企业安全文化建设导则》（AQ/T 9004—2008），企业应对自身安全文化建设情况进行定期的全面审核，（　　）应根据审核结果确定并落实整改不符合、不安全实践和安全缺陷的优先次序，并识别新的改进机会。

A. 领导者　　　　　　　　B. 管理者

C. 承包商　　　　　　　　D. 安全管理人员

14. 根据《企业安全文化建设评价准则》（AQ/T 9005—2008），企业决策层应接受充分的（　　），加强与外部进行安全信息沟通交流，全面提高自身安全素质，做好遵章守纪、安全生产的表率。

A. 监督　　B. 指导　　C. 交流　　D. 安全培训

15. 根据《企业安全文化建设导则》（AQ/T 9004—2008），企业的安全行为规范的建立和执行应明确（　　）在安全生产工作中的职责与权限。

A. 各级各岗位人员　　　　B. 各级管理者

C. 领导者　　　　　　　　D. 承包商

16. 根据安全生产概念和工作要求，对于生产经营单位，安全生产需要保护的第一对象是（　　）。

A. 设备　　B. 从业人员　　C. 环境　　D. 企业财产

## 二、多项选择题

1. 《危险化学品从业单位安全标准化通用规范》（AQ 3013—2008）要求危险化学品企业应采用（　　）动态循环、持续改进的管理模式运行安全生产标准化体系。

A. 计划（P）　　　　　　B. 实施（D）

C. 检查（C） D. 改进（A）

E. 验收（C）

2. 根据《危险化学品从业单位安全生产标准化评审标准》（安监总管三〔2011〕93号），企业在进行法律、法规和标准符合性评价时应对评价出的不符合项进行（   ）。

A. 立即整改 B. 原因分析

C. 制定整改计划和措施 D. 报告主要负责人

E. 追究责任

3. 根据《危险化学品从业单位安全生产标准化评审标准》（安监总管三〔2011〕93号），要素"2机构与职责"中属于A级要素否决项的有（   ）。

A. 未建立安全生产责任制

B. 未建立安全责任制考核机制

C. 未设置安全生产委员会、安全生产管理部门或配备专职安全管理人员

D. 未按有关规定投入安全生产费用

E. 主要负责人的安全生产职责不全面

4. 根据《危险化学品从业单位安全标准化通用规范》（AQ 3013—2008），安全标准化的建设，应当以（   ）为基础。

A. 人 B. 危险、有害因素辨识

C. 法规标准 D. 风险评价

5. 根据《危险化学品从业单位安全生产标准化评审标准》（安监总管三〔2011〕93号），下列属于安全文化体系构成A级要素否决项的有（   ）。

A. 一级企业未有效运行安全文化体系

B. 二级企业未初步形成安全文化体系

C. 二级企业未建立安全文化体系

D. 企业没有开展有特色的安全文化活动

6. 根据《危险化学品从业单位安全生产标准化评审标准》（安监总管三〔2011〕93号），企业未制定（   ）管理制度，扣100分（A级要素否决项）。

A. 吊装作业 B. 动火作业

C. 进入受限空间　　　　　D. 盲板抽堵

7. 企业安全文化的作用主要包括（　　）。

A. 对企业安全生产工作具有激励作用

B. 对企业安全生产工作起凝聚作用

C. 对企业安全生产工作具有导向作用，可以使生产进入安全高效的良性状态

D. 对企业安全生产工作起约束作用

E. 对企业安全生产工作起协调和控制作用

8. 根据《企业安全文化建设导则》（AQ/T 9004—2008），企业安全文化是指被企业组织的员工群体所共享的（　　）组成的统一体。

A. 安全价值观　　　　　B. 态度

C. 资源　　　　　　　　D. 道德

E. 行为规范

9. 根据《企业安全文化建设导则》（AQ/T 9004—2008），企业应建立包括（　　）等在内的安全承诺。

A. 安全价值观　　　　　B. 安全意识

C. 安全愿景　　　　　　D. 安全使命

E. 安全目标

10. 根据《企业安全文化建设导则》（AQ/T 9004—2008），企业在安全文化建设过程中，应引导全体员工的（　　），通过全员参与实现企业安全生产水平持续进步。

A. 安全守则　　　　　　B. 安全态度

C. 安全愿景　　　　　　D. 安全行为

11. 根据《企业安全文化建设评价准则》（AQ/T 9005—2008），企业安全文化建设评价减分指标包括（　　）。

A. 死亡事故　　B. 重伤事故　　C. 轻伤事故　　D. 违章记录

## 三、判断题

1. 对于建立有多个安全管理体系的企业，各个体系均应分别建立各自的有关体系文件，不必相互融合。（　　）

2. 根据《危险化学品从业单位安全生产标准化评审标准》（安监总管三〔2011〕93号），危险化学品企业未开展法律、法规和标准符合性评价属于A级要素否决项。（　　）

3. 根据《危险化学品从业单位安全生产标准化评审标准》（安监总管三〔2011〕93号），三级企业若存在重大事故隐患，则构成A级要素否决项。（　　）

4. 根据《危险化学品从业单位安全生产标准化评审标准》（安监总管三〔2011〕93号），二级企业涉及危险化工工艺的化工装置未设置安全仪表系统，或未建立安全仪表系统功能安全管理体系，扣100分（A级要素否决项）。（　　）

5. 在对某企业评审时发现，在某装置临时设置了抽风机，但未办理临时用电许可手续；后续发现企业未编制临时用电方面的管理制度。根据《危险化学品从业单位安全生产标准化评审标准》（安监总管三〔2011〕93号），该企业构成了B级要素否决项。（　　）

6. 危险化学品生产企业未向购买者或用户提供危险化学品"一书一签"，按照评审标准属于B级要素否决项，扣10分。（　　）

7. 企业安全生产分管负责人应协助主要负责人建立健全并落实本单位全员安全生产责任制，加强安全生产标准化建设。（　　）

8. 企业安全文化是企业文化的重要组成部分。（　　）

9. 企业内部的行为规范是企业安全承诺的具体体现和安全文化建设的基础要求。（　　）

# 参考答案及解析

## 一、单项选择题

1. A

【解析】根据《中华人民共和国安全生产法》第四条规定，生产经营单位要改善安全生产条件，加强安全生产标准化、信息化建设，构建安全风险分级管控和隐患排查治理双重预防机制。

2. B

【解析】根据《应急管理部关于印发〈企业安全生产标准化建设定级办法〉的通知》（应急〔2021〕83号）第五条规定，企业标准化定级实行分级负责，应急管理部为一级企业以及海洋石油全部等级企业的定级部门。省级和设区的市级应急管理部门分别为本行政区域内二级、三级企业的定级部门。

3. B

【解析】根据《危险化学品从业单位安全生产标准化评审标准》（安监总管三〔2011〕93号）第11.4条规定，危险化学品企业每年至少进行1次安全生产标准化自评，编制自评报告。

4. A

【解析】根据《危险化学品从业单位安全生产标准化评审标准》（安监总管三〔2011〕93号）第1.2条规定，企业应每年至少1次对适用的安全生产法律、法规、标准及其他要求的执行情况进行符合性评价。

5. A

【解析】根据《危险化学品从业单位安全生产标准化评审标准》（安监总管三〔2011〕93号）第3.5条规定，重大危险源评审标准否决项要求，未建立重大危险源管理制度，或未辨识、确定重大危险源，扣100分（A级要素否决项）。

6. C

【解析】根据《危险化学品从业单位安全生产标准化评审标准》（安监总管

三〔2011〕93号）第2.1条规定，企业主要负责人组织制定符合本企业实际的、文件化的安全生产方针和年度安全生产目标。

7. B

【解析】根据《危险化学品从业单位安全生产标准化评审标准》（安监总管三〔2011〕93号）第3.5.5.4条规定，重大危险源企业对涉及剧毒气体的重大危险源应配备2套以上气密性化学防护服。

8. D

【解析】根据《危险化学品从业单位安全生产标准化评审标准》（安监总管三〔2011〕93号）第6.2条规定，评审一级安全生产标准化的企业，涉及危险化工工艺的化工装置未设置安全仪表系统或未建立安全仪表系统功能安全管理体系，扣100分（A级要素否决项）。

9. C

【解析】根据《企业安全文化建设导则》（AQ/T 9004—2008）第5.1.2条规定，企业的领导者应对安全承诺做出有形的表率，应让各级管理者和员工切身感受到其对安全承诺的实践。

10. B

【解析】根据《企业安全文化建设导则》（AQ/T 9004—2008）第5.1.3条规定，企业的各级管理者应对安全承诺的实施起到示范和推进作用，形成严谨的制度化工作方法，营造有益于安全的工作氛围，培育重视安全的工作态度。

11. A

【解析】根据《企业安全文化建设导则》（AQ/T 9004—2008）第5.1.5条规定，企业应将自己的安全承诺传达到相关方，必要时应要求供应商、承包商等相关方提供相应的安全承诺。

12. D

【解析】根据《企业安全文化建设导则》（AQ/T 9004—2008）第5.1.4条规定，企业的员工应充分理解和接受企业的安全承诺，并结合岗位工作任务实践这种安全承诺。

13. A

【解析】根据《企业安全文化建设导则》(AQ/T 9004—2008) 第 5.7.1 条规定，企业应对自身安全文化建设情况进行定期的全面审核，领导者应根据审核结果确定并落实整改不符合、不安全实践和安全缺陷的优先次序，并识别新的改进机会。

14. D

【解析】根据《企业安全文化建设评价准则》(AQ/T 9005—2008) 第 4.9.3 条规定，企业决策层应接受充分的安全培训，加强与外部进行安全信息沟通交流，全面提高自身安全素质，做好遵章守纪、安全生产的表率。

15. A

【解析】根据《企业安全文化建设导则》(AQ/T 9004—2008) 第 5.2.1 条规定，企业的安全行为规范的建立和执行应明确各级各岗位人员在安全生产工作中的职责与权限。

16. B

【解析】根据安全生产概念和工作要求，对于生产经营单位，安全生产需要保护的第一对象是从业人员。所谓"安全生产"，是指生产经营单位为了避免造成人员伤害和财产损失事故而采取相应的事故预防和控制措施，使生产过程在符合规定的条件下进行，以保证从业人员的人身安全与健康，设备和设施免受损坏，环境免遭破坏，保证生产经营活动得以顺利进行。

## 二、多项选择题

1. ABCD

【解析】根据《危险化学品从业单位安全标准化通用规范》(AQ 3013—2008) 第 4.1 条规定，危险化学品企业应采用计划（P）、实施（D）、检查（C）、改进（A）动态循环、持续改进的管理模式运行安全生产标准化体系。

2. BC

【解析】根据《危险化学品从业单位安全生产标准化评审标准》(安监总管三〔2011〕93 号) 第 1.2 条规定，企业在进行法律、法规和标准符合性评价时应对评价出的不符合项进行原因分析，制订整改计划和措施。

3. AC

【解析】根据《危险化学品从业单位安全生产标准化评审标准》（安监总管三〔2011〕93号）第2.3条和2.4条规定，属于要素"2 机构与职责"中A级要素否决项的有未建立安全生产责任制，未设置安全生产委员会、安全生产管理部门或配备专职安全管理人员。

4. BD

【解析】根据《危险化学品从业单位安全标准化通用规范》（AQ 3013—2008）第4.2.2条规定，安全标准化的建设，应当以危险、有害因素辨识和风险评价为基础，树立任何事故都是可以预防的理念，与企业其他方面的管理有机地结合起来，注重科学性、规范性和系统性。

5. AB

【解析】根据《危险化学品从业单位安全生产标准化评审标准》（安监总管三〔2011〕93号）第2.2条规定，二级企业未初步形成安全文化体系、一级企业未有效运行安全文化体系均扣100分（A级要素否决项）。

6. BC

【解析】根据《危险化学品从业单位安全生产标准化评审标准》（安监总管三〔2011〕93号）第4.1条规定，企业未制定动火作业管理制度或进入受限空间管理制度，扣100分（A级要素否决项）。

7. ABCE

【解析】企业安全文化对安全生产具有激励作用，对企业安全生产工作起凝聚、协调和控制作用，对安全生产具有导向作用，可以使生产进入安全高效的良性状态。

8. ABDE

【解析】根据《企业安全文化建设导则》（AQ/T 9004—2008）第3.1条规定，企业安全文化是指被企业组织的员工群体所共享的安全价值观、态度、道德和行为规范组成的统一体。

9. ACDE

【解析】根据《企业安全文化建设导则》（AQ/T 9004—2008）第5.1.1条规

定，企业应建立包括安全价值观、安全愿景、安全使命和安全目标等在内的安全承诺。

10. BD

【解析】根据《企业安全文化建设导则》（AQ/T 9004—2008）第 4 条规定，企业在安全文化建设过程中，应充分考虑自身内部的和外部的文化特征，引导全体员工的安全态度和安全行为，实现在法律和政府监管要求之上的安全自我约束，通过全员参与实现企业安全生产水平持续进步。

11. ABD

【解析】根据《企业安全文化建设评价准则》（AQ/T 9005—2008）第 5 条规定，企业安全文化建设评价减分指标包括死亡事故、重伤事故、违章记录。

### 三、判断题

1. 错误

【解析】对于建立有多个安全管理体系的企业，各个管理体系的工作思路、方式方法是相通的，体系的总体框架基本类似。在企业总体安全管理体系的策划过程中，要充分考虑各体系之间相通要素的融合性，不要各自为政。

2. 错误

【解析】根据《危险化学品从业单位安全生产标准化评审标准》（安监总管三〔2011〕93 号）第 1.2 条规定，危险化学品企业未开展法律、法规和标准符合性评价扣 50 分（B 级要素否决项）。

3. 错误

【解析】根据《危险化学品从业单位安全生产标准化评审标准》（安监总管三〔2011〕93 号）第 3.4 条规定，二级企业"3.4 隐患排查与治理"要素若失分，或存在重大隐患，扣 100 分（A 级要素否决项）。

4. 错误

【解析】根据《危险化学品从业单位安全生产标准化评审标准》（安监总管三〔2011〕93 号）第 6.2 条规定，一级企业涉及危险化工工艺的化工装置未设置安全仪表系统，或未建立安全仪表系统功能安全管理体系，扣 100 分（A 级要素否决项)。

5. 错误

【解析】根据《危险化学品从业单位安全生产标准化评审标准》(安监总管三〔2011〕93号)第7.1条规定,未实施危险性作业许可管理,扣100分(A级要素否决项)。

6. 错误

【解析】根据《危险化学品从业单位安全生产标准化评审标准》(安监总管三〔2011〕93号)第9.3条规定,未向购买者或用户提供"一书一签",扣2分,不属于B级要素否决项;生产的危险化学品未编制"一书一签",扣10分,属于B级要素否决项。

7. 正确

【解析】根据《中华人民共和国安全生产法》第二十五条规定,生产经营单位可以设置专职安全生产分管负责人,协助本单位主要负责人履行安全生产管理职责。第二十一条规定,生产经营单位的主要负责人负责建立健全并落实本单位全员安全生产责任制,加强安全生产标准化建设。

8. 正确

【解析】企业安全文化是企业文化的重要组成部分。企业安全文化具有企业文化的形态体系,企业安全文化的发展不应走出企业文化的总体框架结构,应以企业文化主线为基础。

9. 正确

【解析】根据《企业安全文化建设导则》(AQ/T 9004—2008)第5.2.1条规定,企业内部的行为规范是企业安全承诺的具体体现和安全文化建设的基础要求。

## 第六节 双重预防机制建设

## 习 题

### 一、单项选择题

1. 根据《中华人民共和国安全生产法》，生产经营单位应构建（　　）机制，健全风险防范化解机制，提高安全生产水平，确保安全生产。

　　A. 安全风险分级管控

　　B. 安全风险分级管控和隐患排查治理双重预防

　　C. 隐患排查治理

　　D. 安全培训教育

2. 根据《中华人民共和国安全生产法》，生产经营单位应当建立（　　）制度，按照安全风险分级采取相应的管控措施。

　　A. 隐患排查治理　　　　　　B. 双重预防机制

　　C. 安全风险分级管控　　　　D. 特殊作业管理

3. 根据《中华人民共和国安全生产法》，生产经营单位应当建立健全并落实（　　）制度，采取技术、管理措施，及时发现并消除事故隐患。

　　A. 双重预防机制　　　　　　B. 安全风险分级管控

　　C. 安全检查　　　　　　　　D. 生产安全事故隐患排查治理

4. 原始风险可以理解为风险点（单元、设备设施、作业活动等）因其（　　）而潜在的风险。

　　A. 人身危害　　　　　　　　B. 危险有害因素

　　C. 固有危险性　　　　　　　D. 职业病危害因素

5. 基层车间涉及"两重点一重大"的生产、储存装置和场所的操作人员岗位巡查间隔应不大于（　　）h。

A. 0.5　　　　B. 1　　　　C. 2　　　　D. 4

6. 根据《危险化学品从业单位安全生产标准化评审标准》（安监总管三〔2011〕93号），厂级综合性排查每（　　）应不少于1次。

　　A. 半年　　　B. 季度　　　C. 月　　　　D. 周

7. 企业对涉及"两重点一重大"的生产装置、储存设施运用HAZOP方法进行安全风险辨识分析，一般每（　　）年开展1次。

　　A. 5　　　　B. 3　　　　C. 2　　　　D. 1

8. 开展双重预防机制数字化建设划分风险分析对象和风险单元时，构成（　　）的应独立作为安全风险分析对象。

　　A. 一、二级重大危险源　　　B. 重大风险
　　C. 重大危险源　　　　　　　D. 较大风险

9. 根据《生产过程危险和有害因素分类与代码》（GB/T 13861—2022），将生产过程中的危险和有害因素分为（　　）大类。

　　A. 三　　　　B. 四　　　　C. 五　　　　D. 六

10. 风险是指某一特定危害事件发生的（　　）与其后果（　　）的组合。

　　A. 可能性，严重性　　　　　B. 严重性，可能性
　　C. 时间，不确定性　　　　　D. 地点，大小

11. 危险化学有害因素短时间接触容许浓度是指在实际测得的（　　）h工作日、（　　）h工作周平均接触浓度遵守时间加权平均容许浓度的前提下，容许劳动者短时间（15 min）接触的加权平均浓度。

　　A. 8，40　　　B. 8，20　　　C. 8，30　　　D. 6，30

12. 人的感知电流是指电流通过人体时，引起人有发麻感觉及轻微针刺感的最小电流。就工频电流有效值而言，人的感知电流约为（　　）mA。

　　A. 0.1~0.2　　　　　　　　B. 0.5~1
　　C. 10~100　　　　　　　　D. 200~300

13. 可燃气体爆炸极限下限低，表明（　　）。

　　A. 危险性高，泄漏出少量气体，就可能达到爆炸极限引起爆炸
　　B. 危险性低，不容易爆炸

C. 泄漏大量气体才会爆炸

D. 是安全气体

14. 根据重点监管的危险化工工艺目录，不属于重点监管危险化工工艺的是（　　）。

A. 氯化工艺　　　　　　　B. 硝化工艺

C. 结晶工艺　　　　　　　D. 新型煤化工工艺

15. 第二类危险源（状态/行为）是指导致能量或危险物质管控措施破坏或失效的各种因素，其影响事故事件（　　）。

A. 发生的可能性　　　　　B. 事态发展走向

C. 后果的严重程度　　　　D. 波及范围

16. 工作危害分析法（JHA）主要针对风险点的（　　）来辨识危险源和评价风险大小。

A. 设备设施　　B. 单元　　C. 作业活动　　D. 工艺操作

17. LEC 法又称作业条件危险性评价法，其中 E 是指（　　）。

A. 事故发生的可能性

B. 人员暴露在危险环境中的频繁程度

C. 事故后果的严重程度

D. 环境的影响程度

18. 下列属于第一类危险源的是（　　）。

A. 物的安全状态

B. 人的不安全行为

C. 不良的环境因素

D. 可能发生意外释放的能量和危险物质

19. 某企业设置了安全管理机构，但安全管理人员数量不符合员工总数量的 2%。这属于生产过程危险和有害因素中的（　　）的因素。

A. 人　　　　B. 物　　　　C. 环境　　　　D. 管理

20. 适用于厂址、周边环境、设备设施等静态的物的风险分析方法是（　　）。

A. 工作危害分析法（JHA）

B. 危险与可操作性分析法（HAZOP）

C. 安全检查表法（SCL）

D. 作业条件危险性评价法（LEC）

21. 开展安全检查表法（SCL）分析时，下列可不需列入设备设施清单的是（    ）。

A. 反应釜　　B. 温度计　　C. 化验室　　D. 起重机

22. 下列可以应用工作危害分析法（JHA）进行风险评价的是（    ）。

A. 起重机　　B. 控制室　　C. 液氯卸车　　D. 废水池

23. 在开展工作危害分析法（JHA）或安全检查表法（SCL），进行风险评价时，如果危险源辨识出的风险是火灾爆炸，下列现有安全管控措施不适用的是（    ）。

A. 设置可燃气体检测报警器　　B. 对灭火器进行定期检查

C. 人员配备防尘口罩　　D. 开展火灾事故应急演练

## 二、多项选择题

1. 《危险化学品企业安全风险隐患排查治理导则》（应急〔2019〕78号）中"事故隐患"的定义为：对安全风险所采取的管控措施存在（    ）时就形成事故隐患。

A. 缺陷　　B. 疏忽　　C. 问题　　D. 缺失

2. 根据《危险化学品企业安全风险隐患排查治理导则》（应急〔2019〕78号），安全风险隐患排查形式包括（    ）等。

A. 日常排查　　B. 综合性排查

C. 专业性排查　　D. 复产复工前排查

3. 根据《危险化学品企业安全风险隐患排查治理导则》（应急〔2019〕78号），日常排查应重点对（    ）进行检查和巡查。

A. 关键装置、重点部位　　B. 关键环节

C. 大型机组　　D. 重大危险源

4. 危险化学品生产、经营单位（　　）未依法经考核合格应判定为重大生产安全事故隐患。

　　A. 主要负责人

　　B. 各专业分管负责人

　　C. 安全生产管理人员

　　D. 涉及"两重点一重大"岗位操作人员

5. 危险化学品企业涉及（　　）的一级、二级重大危险源的危险化学品罐区未配备独立的安全仪表系统应判定为重大生产安全事故隐患。

　　A. 甲类介质　　B. 毒性气体　　C. 液化气体　　D. 剧毒液体

6. 根据《国务院安委会办公室关于实施遏制重特大事故工作指南构建双重预防机制的意见》（安委办〔2016〕11号），安全风险等级划分为（　　），分别用红、橙、黄、蓝4种颜色标示。

　　A. 高风险　　B. 重大风险　　C. 较大风险　　D. 一般风险

　　E. 低风险

7. 根据《危险化学品从业单位安全生产标准化评审标准》（安监总管三〔2011〕93号），企业各类隐患排查表应包括（　　）等内容。

　　A. 检查项目　　　　　　B. 检查内容

　　C. 检查标准或依据　　　D. 检查结果

8. 根据《危险化学品企业双重预防机制建设工作指南（试行）》，针对安全风险事件，企业应从（　　）等方面识别评估现有管控措施的有效性。

　　A. 工程技术　　B. 维护保养　　C. 人员操作　　D. 应急措施

9. 安全生产工作中"三违"是指（　　）。

　　A. 违章指挥　　　　　　B. 违规作业

　　C. 违反劳动纪律　　　　D. 违法

　　E. 违反安全纪律

10. 根据《国家安全监管总局关于加强化工过程安全管理的指导意见》（安监总管三〔2013〕88号），对除了涉及"两重点一重大"的其他生产储存装置的风险辨识分析，选用（　　）等方法或多种方法组合，可每5年进行一次。

A. 安全检查表法　　　　　　B. 工作危害分析法

C. 预先危险性分析法　　　　D. 故障类型和影响分析法

E. HAZOP 技术

11. 下列属于重点监管的危险化工工艺的有（　　）。

A. 电解工艺　　　　　　　　B. 氯化工艺

C. 硝化工艺　　　　　　　　D. 偶氮化工艺

E. 合成氨工艺

12. 根据《化学工业建设项目试车规范》（HG 20231—2014），工艺系统气密性试验一般采用的介质是（　　）。

A. 氧气　　　B. 空气　　　C. 氮气　　　D. 二氧化碳

13. 在制定化学有害因素职业接触控制措施时应充分考虑所有可能发生接触的途径，包括（　　）。

A. 辐射作用　　　　　　　　B. 经呼吸道吸入

C. 皮肤吸收　　　　　　　　D. 经口摄入

14. 下列属于第二类危险源的有（　　）。

A. 加氢反应釜

B. 氢气

C. 加氢反应釜缺少超压联锁紧急停车系统

D. 加氢反应釜安全阀故障

E. 加氢操作人员未取得特种作业人员操作证

15. 根据《生产过程危险和有害因素分类与代码》（GB/T 13861—2022），生产过程危险和有害因素分为（　　）。

A. 人的因素　　　　　　　　B. 物的因素

C. 环境因素　　　　　　　　D. 外界因素

E. 管理因素

16. 根据《生产过程危险和有害因素分类与代码》（GB/T 13861—2022），物的危险和有害因素主要包括（　　）。

A. 物理性危险和有害因素　　B. 化学性危险和有害因素

C. 环境性危险和有害因素　　D. 健康性危险和有害因素

E. 生物性危险和有害因素

17. 开展工作危害分析法（JHA）时，作业活动可分为（　　）。

A. 工艺操作　　　　　　B. 停车操作

C. 异常操作　　　　　　D. 检维修作业

E. 管理活动

### 三、判断题

1. 事故类比排查是指本企业或同类企业发生生产安全事故后举一反三的安全检查。　　　　　　　　　　　　　　　　　　　　　　　　　（　　）

2. 根据《危险化学品从业单位安全生产标准化评审标准》（安监总管三〔2011〕93 号），车间级综合性排查每月应不少于 1 次。　　　（　　）

3. 海因里希理论认为，伤亡事故的发生不是一个孤立的事件，尽管伤害可能在某瞬间突然发生，却是一系列事件相继发生的结果。　　（　　）

4. 企业要制定开停车安全条件检查确认制度。在正常开停车、紧急停车后的开车前，都要进行安全条件检查确认。开停车前，企业要进行风险辨识分析，制定开停车方案。　　　　　　　　　　　　　　　　　　（　　）

5. 第二类危险源是事故隐患。　　　　　　　　　　　　　　（　　）

6. 在运用工作危害分析法（JHA）列出作业活动时，车间的变更管理属于检维修作业。　　　　　　　　　　　　　　　　　　　　　　　　　（　　）

7. 运用安全检查表法（SCL）分析风险时，设备设施的检查项目仅包括设备设施的本体主要组成部件。　　　　　　　　　　　　　　　　（　　）

8. 运用安全检查表法（SCL）分析风险时，设备设施清单中的一些设备可以适当合并。　　　　　　　　　　　　　　　　　　　　　　　　（　　）

9. 风险分析过程中的"过程风险"属于相对深层次的风险，一般情况下发生概率相对较小，但一旦发生，其严重程度可能会很高，甚至有可能会造成非常恶劣的影响。　　　　　　　　　　　　　　　　　　　　　　（　　）

# 参考答案及解析

## 一、单项选择题

1. B

【解析】根据《中华人民共和国安全生产法》第四条规定，生产经营单位必须遵守本法和其他有关安全生产的法律、法规，加强安全生产管理，建立健全全员安全生产责任制和安全生产规章制度，加大对安全生产资金、物资、技术、人员的投入保障力度，改善安全生产条件，加强安全生产标准化、信息化建设，构建安全风险分级管控和隐患排查治理双重预防机制，健全风险防范化解机制，提高安全生产水平，确保安全生产。

2. C

【解析】根据《中华人民共和国安全生产法》第四十一条规定，生产经营单位应当建立安全风险分级管控制度，按照安全风险分级采取相应的管控措施。

3. D

【解析】根据《中华人民共和国安全生产法》第四十一条规定，生产经营单位应当建立健全并落实生产安全事故隐患排查治理制度，采取技术、管理措施，及时发现并消除事故隐患。

4. C

【解析】略。

5. B

【解析】根据《危险化学品企业安全风险隐患排查治理导则》（应急〔2019〕78号）第3.2.1条规定，基层车间操作人员岗位巡查间隔应不大于2 h，涉及"两重点一重大"的生产、储存装置和场所的操作人员岗位巡查间隔应不大于1 h。

6. B

【解析】根据《危险化学品从业单位安全生产标准化评审标准》（安监总管

三〔2011〕93号）第11.2条规定，综合性检查是由相应级别的负责人负责组织，以落实岗位安全责任制为重点，各专业共同参与的全面安全检查。厂级综合性安全检查每季度不少于1次，车间级综合性安全检查每月不少于1次。

7. B

【解析】根据《危险化学品企业安全风险隐患排查治理导则》（应急〔2019〕78号）第3.2.3条规定，企业对涉及"两重点一重大"的生产装置、储存设施运用HAZOP方法进行安全风险辨识分析，一般每3年开展1次。

8. C

【解析】根据《危险化学品企业双重预防机制建设工作指南（试行）》第3.1条规定，按照"功能独立、大小适中、易于管理"的原则，选取所有生产装置、储存设施或场所作为安全风险分析对象，按照《危险化学品重大危险源辨识》（GB 18218—2018）规定，构成重大危险源的应独立作为安全风险分析对象。

9. B

【解析】根据《生产过程危险和有害因素分类与代码》（GB/T 13861—2022）第5条规定，将生产过程中的危险和有害因素分为人的因素、物的因素、环境因素和管理因素四大类。

10. A

【解析】略。

11. A

【解析】根据《工作场所有害因素职业接触限值 第1部分：化学有害因素》（GBZ 2.1—2019）第3.5.2条规定，短时间接触容许浓度是指在实际测得的8 h工作日、40 h工作周平均接触浓度遵守时间加权平均容许浓度的前提下，容许劳动者短时间（15 min）接触的加权平均浓度。

12. B

【解析】略。

13. A

【解析】可燃物质（可燃气体、蒸气和粉尘）与空气（或氧气）必须在一定的浓度范围内均匀混合，形成预混气，遇着火源才会发生爆炸。爆炸下限指可燃性混合物能够发生爆炸的最低浓度。因此，可燃气体爆炸下限低，表明危险性高，泄漏出少量气体，就可能达到爆炸极限引起爆炸。

14．C

【解析】略。

15．A

【解析】第二类危险源（状态/行为）是指导致能量或危险物质管控措施破坏或失效的各种因素，包括人的不安全行为、物的不安全状态以及不良的环境因素等。"状态/行为"影响事故事件发生的可能性。

16．C

【解析】略。

17．B

【解析】LEC法又称作业条件危险性评价法，是一种常用的风险评价方法。风险计算公式：$D=L×E×C$。其中，L为事故发生的可能性，E为人员暴露在危险环境中的频繁程度，C为事故后果的严重程度，D为风险程度。

18．D

【解析】第一类危险源（根源）是指可能发生意外释放的能量和危险物质，如高温、高压、液化烃、甲醇等。

19．D

【解析】生产过程危险和有害因素共分为四大类，分别是人的因素、物的因素、环境因素和管理因素。管理因素包括职业安全卫生管理机构设置和人员配备不健全、职业安全卫生责任制不完善或未落实、职业安全卫生管理制度不完善或未落实、职业安全卫生投入不足、应急管理缺陷、其他管理因素缺陷。

20．C

【解析】安全检查表法（SCL）是将设备设施等列出检查项目，针对检查项目偏离标准后可能带来的风险进行分析，明确现有安全管控措施，通过风险评价准则评价风险等级，同时提出改进措施，以达到控制风险、减少和杜绝事故的目标。该方法主要适用于厂址、周边环境、设备设施等静态的物的风险分析。

21. B

【解析】设备设施清单重点是针对生产工艺车间的，开关操作柱、照明灯、压力变送器、温度计等仪表设备可不必作为单独的设备对待，应视为主设备的附属安全设施。

22. C

【解析】工作危害分析法（JHA）是对作业活动各个步骤进行风险分析，明确现有安全管控措施，通过风险评价准则评价采取现有安全管控措施前后的风险等级，同时提出改进措施，以达到控制风险、减少和杜绝事故的目标。该方法适用于有人员参与的各类作业活动的风险分析。

23. C

【解析】现有管控措施一定要与辨识出的风险相对应。辨识出的风险是火灾爆炸，管控措施应是预防火灾爆炸和消减事故影响的措施。

## 二、多项选择题

1. AD

【解析】根据《危险化学品企业安全风险隐患排查治理导则》（应急〔2019〕78号）第1.3条规定，"事故隐患"的定义为：对安全风险所采取的管控措施存在缺陷或缺失时就形成事故隐患。

2. ABCD

【解析】根据《危险化学品企业安全风险隐患排查治理导则》（应急〔2019〕78号）第3.1.2条规定，安全风险隐患排查形式包括日常排查、综合性排查、专业性排查、季节性排查、重点时段及节假日前排查、事故类比排查、复产复工前排查和外聘专家诊断式排查等。

3. ABD

【解析】根据《危险化学品企业安全风险隐患排查治理导则》（应急〔2019〕78号）第3.1.2条规定，日常排查应重点对关键装置、重点部位、关键环节、重大危险源进行检查和巡查。

4. AC

【解析】根据《化工和危险化学品生产经营单位重大生产安全事故隐患判定标准（试行）》（安监总管三〔2017〕121号）第一条规定，"危险化学品生产、经营单位主要负责人和安全生产管理人员未依法经考核合格"应判定为重大生产安全事故隐患。

5. BCD

【解析】根据《化工和危险化学品生产经营单位重大生产安全事故隐患判定标准（试行）》（安监总管三〔2017〕121号）第五条规定，"涉及毒性气体、液化气体、剧毒液体的一级、二级重大危险源的危险化学品罐区未配备独立的安全仪表系统"应判定为重大生产安全事故隐患。

6. BCDE

【解析】根据《国务院安委会办公室关于实施遏制重特大事故工作指南构建双重预防机制的意见》（安委办〔2016〕11号）第二条规定，安全风险等级从高到低划分为重大风险、较大风险、一般风险和低风险，分别用红、橙、黄、蓝4种颜色标示。

7. ABCD

【解析】根据《危险化学品从业单位安全生产标准化评审标准》（安监总管三〔2011〕93号）第11.1条规定，企业应编制各类隐患排查表，排查表应包括检查项目、检查内容、检查标准或依据、检查结果等内容。

8. ABCD

【解析】根据《危险化学品企业双重预防机制建设工作指南（试行）》第3.3条规定，针对安全风险事件，企业应从工程技术、维护保养、人员操作、应急措施等方面识别评估现有管控措施的有效性。

9. ABC

【解析】略。

10. ABCDE

【解析】根据《国家安全监管总局关于加强化工过程安全管理的指导意见》（安监总管三〔2013〕88号）第（五）条规定，对涉及重点监管危险化学品、重点监管危险化工工艺和危险化学品重大危险源（以下统称"两重点一重大"）

的生产储存装置进行风险辨识分析，要采用危险与可操作性分析（HAZOP）技术，一般每3年进行1次。对其他生产储存装置的风险辨识分析，针对装置不同的复杂程度，选用安全检查表、工作危害分析、预先危险性分析、故障类型和影响分析（FMEA）、HAZOP技术等方法或多种方法组合，可每5年进行1次。

11. ABCDE

【解析】重点监管的危险化工工艺包括光气及光气化工艺、电解工艺（氯碱）、氯化工艺、硝化工艺、合成氨工艺、裂解（裂化）工艺、氟化工艺、加氢工艺、重氮化工艺、氧化工艺、过氧化工艺、胺基化工艺、磺化工艺、聚合工艺、烷基化工艺、新型煤化工工艺、电石生产工艺、偶氮化工艺。

12. BC

【解析】根据《化学工业建设项目试车规范》（HG 20231—2014）第6.6.5条规定，工艺系统气密性试验介质宜采用空气或氮气。

13. BCD

【解析】根据《工作场所有害因素职业接触限值 第1部分：化学有害因素》（GBZ 2.1—2019）第6.2.1条规定，在制定职业接触控制措施时应充分考虑所有可能发生接触的途径，包括经呼吸道吸入、经皮肤吸收和经口摄入。

14. CDE

【解析】第二类危险源（状态/行为）是指导致能量或危险物质管控措施破坏或失效的各种因素，包括人的不安全行为、物的不安全状态以及不良的环境因素等。

15. ABCE

【解析】根据《生产过程危险和有害因素分类与代码》（GB/T 13861—2022）第4条规定，生产过程危险和有害因素共分为四大类，分别是人的因素、物的因素、环境因素和管理因素。

16. ABE

【解析】根据《生产过程危险和有害因素分类与代码》（GB/T 13861—2022）第5条规定，物的危险和有害因素包括物理性危险和有害因素、化学性危险和有害因素、生物性危险和有害因素。

17. ACDE

【解析】工作危害分析工作流程应首先列出作业活动清单。企业应对每一个评价对象，分别列出所有人员（含承包商）可能涉及的作业活动，形成"作业活动清单"。作业活动可分为4类：工艺操作、异常操作、检维修作业、管理活动。

## 三、判断题

1. 正确

【解析】根据《危险化学品企业安全风险隐患排查治理导则》（应急〔2019〕78号）第3.1.2条规定，事故类比排查是指本企业或同类企业发生生产安全事故后举一反三的安全检查。

2. 正确

【解析】根据《危险化学品从业单位安全生产标准化评审标准》（安监总管三〔2011〕93号）第11.2条规定，综合性检查是由相应级别的负责人负责组织，以落实岗位安全责任制为重点，各专业共同参与的全面安全检查。厂级综合性安全检查每季度不少于1次，车间级综合性安全检查每月不少于1次。

3. 正确

【解析】海因里希理论认为，伤亡事故的发生不是一个孤立的事件，尽管伤害可能在某瞬间突然发生，却是一系列事件相继发生的结果。海因里希把工业伤害事故的发生、发展过程描述为具有一定因果关系的事件的连锁发生过程，即：

（1）人员伤亡的发生是事故的结果。

（2）事故的发生是由于人的不安全行为和物的不安全状态造成的。

（3）人的不安全行为或物的不安全状态是由于人的缺点造成的。

（4）人的缺点是由于不良环境诱发的，或者是由先天的遗传因素造成的。

4. 正确

【解析】根据《国家安全监管总局关于加强化工过程安全管理的指导意见》（安监总管三〔2013〕88号）第（十）条规定，企业要制定开停车安全条件检查确认制度。在正常开停车、紧急停车后的开车前，都要进行安全条件检查确认。开停车前，企业要进行风险辨识分析，制定开停车方案。

5. 正确

【解析】第二类危险源（状态/行为）是指人或物或环境的某种不好的状态或情形；事故隐患包括物的不安全状态、人的不安全行为和管理的缺陷。

6. 错误

【解析】车间的变更管理属于管理活动。

7. 错误

【解析】运用安全检查表法（SCL）分析风险时，设备设施的检查项目主要包括设备设施的本体主要组成部件和附属安全设施两部分。

8. 正确

【解析】运用安全检查表法（SCL）分析风险时，设备设施清单中的一些设备可以适当合并：一个车间或一个单元中型号相同、涉及介质相同、操作条件相同或相近的设备设施可以合并，以减少不必要的重复工作。

9. 正确

【解析】略。

# 第七节　变更管理

## 习　题

### 一、单项选择题

1. 某企业进行汽油罐改造，施工人员当天提前完成地面预制任务后，见时间尚早，就擅自决定到罐顶进行管线动火作业，引起生油罐闪爆，导致施工人员2死1伤。上述变更属于（　　）变更。

　　A. 工艺技术　　B. 设备设施　　C. 作业活动　　D. 组织管理

2. 根据《国家安全监管总局关于加强化工过程安全管理的指导意见》（安监

总管三〔2013〕88号），变更完成后，企业要及时更新相应的（　　），建立变更管理档案。

  A. 规章制度       B. 安全生产信息

  C. 操作规程       D. 安全生产责任制

 3. 根据《国家安全监管总局关于加强化工过程安全管理的指导意见》（安监总管三〔2013〕88号），企业变更管理需要履行的程序包括申请、审批、实施和（　　）。

  A. 风险识别  B. 隐患排查  C. 培训  D. 验收

 4. 根据《国家安全监管总局关于加强化工过程安全管理的指导意见》（安监总管三〔2013〕88号），变更结束后，企业（　　）应对变更实施情况进行验收并形成报告，及时通知相关部门和有关人员。

  A. 主管部门  B. 安全部门  C. 财务部门  D. 综合部门

 5. 根据《国家安全监管总局关于加强化工过程安全管理的指导意见》（安监总管三〔2013〕88号），变更申请表应逐级上报企业主管部门，并按管理权限报（　　）审批。

  A. 主要负责人       B. 主管负责人

  C. 业务负责人       D. 安全负责人

 6. 根据《危险化学品安全管理条例》，危险化学品生产企业、进口企业发现其生产、进口的危险化学品有新的危险特性的，应当及时向危险化学品登记机构办理（　　）手续。

  A. 登记内容备案      B. 登记内容销项

  C. 登记内容变更      D. 登记内容建档

 7. 下列关于变更和同类替换的表述，正确的是（　　）。

  A. 同类替换属于变更

  B. 变更属于同类替换

  C. 同类替换是指采用同一供应商，且符合原设计规格同一型号物品的更换

  D. 变更与同类替换完全相同

8. 下列关于变更实施与投用的表述，错误的是（　　）。

　　A. 变更经批准后方可实施

　　B. 变更应严格按照变更审批确定的内容和范围实施，实施过程中要严格落实风险控制措施

　　C. 紧急变更由于情况紧急，可先进行变更实施，再对变更可能产生的风险充分评估

　　D. 涉及需在生产现场进行施工的设备设施变更或工艺流程变更，企业应根据相关标准组织现场施工作业，并在施工作业结束后组织完工验收

9. 变更风险评估应从变更带来的潜在后果严重性和（　　）两个方面开展。

　　A. 变更带来的人员变动

　　B. 变更引发后果的可能因素

　　C. 变更带来的作业活动的改变

　　D. 变更带来的工艺参数的改变

10. 根据《国家安全监管总局关于加强化工过程安全管理的指导意见》（安监总管三〔2013〕88号），下列不属于工艺技术变更的是（　　）。

　　A. 变更管理制度的改变

　　B. 催化剂的改变

　　C. 安全报警和联锁值的改变

　　D. 水、电、汽、风等公用工程方面的改变

11. 根据《国家安全监管总局关于加强化工过程安全管理的指导意见》（安监总管三〔2013〕88号），下列不属于设备变更的是（　　）。

　　A. 设备运行参数的变更　　B. 电气设备的变更

　　C. 监控、测量仪表的变更　　D. 安全报警和联锁值的改变

## 二、多项选择题

1. 根据《国家安全监管总局关于加强化工过程安全管理的指导意见》（安监总管三〔2013〕88号），下列属于设备设施变更的有（　　）。

　　A. 仪表控制系统（包括安全报警和联锁整定值的改变）

B. 备件、材料的改变

C. 监控、测量仪表的变更

D. 工艺路线、流程及操作条件的变更

E. 电气设备的变更

2. 根据《国家安全监管总局关于加强化工过程安全管理的指导意见》（安监总管三〔2013〕88号），下列属于工艺技术变更的有（　　）。

A. 原辅材料（包括助剂、添加剂、催化剂等）和介质（包括成分比例的变化）

B. 仪表控制系统（包括安全报警和联锁整定值的改变）

C. 水、电、汽、风等公用工程方面的改变等

D. 工艺操作规程或操作方法

E. 临时增加设备

3. 根据《国家安全监管总局关于加强化工过程安全管理的指导意见》（安监总管三〔2013〕88号），企业在工艺、设备、仪表、电气、（　　）和人员等方面发生的所有变化，都要纳入变更管理范围。

A. 公用工程　　B. 备件　　C. 材料　　D. 化学品

E. 生产组织方式

4. 根据《国家安全监管总局关于加强化工过程安全管理的指导意见》（安监总管三〔2013〕88号），下列属于管理变更的有（　　）。

A. 人员发生变化　　　　　B. 承包商发生变化

C. 管理职责发生变化　　　D. 管理制度发生变化

E. 管理机构发生变化

5. 变更管理的目的、措施和作用包括（　　）。

A. 控制已经做过风险分析的系统实施的变更

B. 明确变更管理过程中的责任

C. 通知变更可能会影响到的相关人员

D. 保证变更时的风险识别与评价

E. 保证资料及时更新

6. 企业应对变更可能受影响的本企业人员、承包商、供应商、外来参观、学习等相关人员进行相应的培训和告知，培训内容应包括（　　）。

　　A. 变更目的和作用　　　　　　B. 变更内容及操作方法

　　C. 变更中可能的风险和影响　　D. 风险的管控措施

　　E. 同类事故案例

7. 变更投用前，企业应当组织开展投用前的安全条件确认，安全条件具备后方可投用。安全条件确认，包括但不限于（　　）。

　　A. 取得相关法律法规许可，如新增压力容器

　　B. 变更按既定方案实施的情况

　　C. 风险评估中的安全措施的落实情况

　　D. 相关人员接受培训和告知的情况

　　E. 现场设备设施安装与相关标准的符合情况

8. 根据《危险化学品企业特殊作业安全规范》（GB 30871—2022），下列情况应重新办理安全作业票的有（　　）。

　　A. 工艺条件变更　　　　　　　B. 作业环境改变

　　C. 作业条件变更　　　　　　　D. 作业方式改变

9. 根据《国家安全监管总局关于加强化工过程安全管理的指导意见》（安监总管三〔2013〕88 号），针对变更管理，企业应开展的工作包括（　　）。

　　A. 要组织专业人员进行检查，确保变更具备安全条件

　　B. 明确受变更影响的本企业人员和承包商作业人员

　　C. 要建立变更管理制度

　　D. 要对受变更影响的本企业人员和承包商作业人员进行相应的培训

10. 企业应采用合适的风险评估方法对变更实施后的潜在风险进行辨识和评估，可采用的评估方法包括但不限于（　　）。

　　A. 安全检查表法（SCL）

　　B. 预先危险性分析法（PHA）

　　C. 故障类型和影响分析法（FMEA）

　　D. 危险与可操作性分析法（HAZOP）

11. 变更申请表及风险评估材料应按照管理制度要求逐级上报企业主管部门审核，并按管理权限报相应负责人审批。各级审批人应审查的内容包括（　　）。

　　A. 变更流程与管理制度的符合性

　　B. 变更风险评估的准确性

　　C. 变更风险管控措施的有效性

　　D. 变更活动参与人员是否持有安全资格证书

12. 企业应将变更过程涉及的记录资料归档，变更管理档案至少包括（　　）。

　　A. 变更申请审批表

　　B. 变更风险评估记录

　　C. 变更关闭确认记录

　　D. 与变更相关的其他有关的文件资料

### 三、判断题

1. 根据《危险化学品重大危险源监督管理暂行规定》（国家安全生产监督管理总局令第 40 号），危险化学品单位安全分管负责人发生变更的，应当对重大危险源重新进行辨识、安全评估及分级。　　（　　）

2. 企业生产能力的变化属于工艺技术变更。　　（　　）

3. 根据《国家安全监管总局关于加强化工过程安全管理的指导意见》（安监总管三〔2013〕88 号），变更批准后，由企业主管部门负责实施。没有经过审查和批准，特殊情况下临时性变更可以超过原批准范围和期限。　　（　　）

4. 临时变更达到预定期限或临时问题解决后，应恢复到变更前状态。
　　（　　）

5. 企业在生产活动中进行的重大变更需要办理申请手续，一般变更不需要办理申请手续。　　（　　）

6. 根据《国家安全监管总局关于加强化工过程安全管理的指导意见》（安监总管三〔2013〕88 号），由于供应商和承包商属于外部人员，因此，供应商和承包商的变化可不纳入企业变更管理范畴。　　（　　）

7. 紧急变更可以是永久变更，也可以是临时变更。　　　　　　（　　）

# 参考答案及解析

## 一、单项选择题

1. C

【解析】由于当天计划的作业任务与实际开展的作业任务并不相同，所以该变更为作业活动变更。

2. B

【解析】略。

3. D

【解析】根据《国家安全监管总局关于加强化工过程安全管理的指导意见》（安监总管三〔2013〕88号）第（二十四）条规定，变更管理程序包括：

（1）申请。按要求填写变更申请表，由专人进行管理。

（2）审批。变更申请表应逐级上报企业主管部门，并按管理权限报主管负责人审批。

（3）实施。变更批准后，由企业主管部门负责实施。没有经过审查和批准，任何临时性变更都不得超过原批准范围和期限。

（4）验收。变更结束后，企业主管部门应对变更实施情况进行验收并形成报告，及时通知相关部门和有关人员。相关部门收到变更验收报告后，要及时更新安全生产信息，载入变更管理档案。

4. A

【解析】同上。

5. B

【解析】同上。

6. C

【解析】根据《危险化学品安全管理条例》第六十七条规定，危险化学品生产企业、进口企业发现其生产、进口的危险化学品有新的危险特性的，应当及时向危险化学品登记机构办理登记内容变更手续。

7. C

【解析】略。

8. C

【解析】紧急变更应在对变更可能产生的风险充分评估并采取有效控制措施的基础上实施。

9. B

【解析】略。

10. A

【解析】管理制度和标准的改变属于管理变更的范畴。

11. D

【解析】安全报警和联锁值的改变属于工艺变更的范畴。

## 二、多项选择题

1. BCE

【解析】根据《国家安全监管总局关于加强化工过程安全管理的指导意见》（安监总管三〔2013〕88号）第（二十三）条规定，设备设施变更主要包括设备设施的更新改造、非同类型替换（包括型号、材质、安全设施的变更）、布局改变，备件、材料的改变，监控、测量仪表的变更，计算机及软件的变更，电气设备的变更，增加临时的电气设备等。

2. ABCD

【解析】根据《国家安全监管总局关于加强化工过程安全管理的指导意见》（安监总管三〔2013〕88号）第（二十三）条规定，工艺技术变更主要包括生产能力，原辅材料（包括助剂、添加剂、催化剂等）和介质（包括成分比例的变化），工艺路线、流程及操作条件，工艺操作规程或操作方法，工艺控制参数，仪表控制系统（包括安全报警和联锁整定值的改变），水、电、汽、风等公用工程方面的改变等。

3. ABCDE

【解析】略。

4. ABCDE

【解析】根据《国家安全监管总局关于加强化工过程安全管理的指导意见》（安监总管三〔2013〕88号）第（二十三）条规定，管理变更主要包括人员、供应商和承包商、管理机构、管理职责、管理制度和标准发生变化等。

5. ABCDE

【解析】略。

6. ABCDE

【解析】略。

7. ABCDE

【解析】略。

8. ABCD

【解析】根据《危险化学品企业特殊作业安全规范》（GB 30871—2022）第4.17条规定，工艺条件、作业条件、作业方式或作业环境改变时，应重新进行作业危害分析，核对风险管控措施，重新办理安全作业票。

9. ACD

【解析】略。

10. ABCD

【解析】略。

11. ABC

【解析】略。

12. ABCD

【解析】略。

## 三、判断题

1. 错误

【解析】根据《危险化学品重大危险源监督管理暂行规定》（国家安全生产

监督管理总局令第 40 号）第十一条规定，有下列情形之一的，危险化学品单位应当对重大危险源重新进行辨识、安全评估及分级：

（1）重大危险源安全评估已满 3 年的；

（2）构成重大危险源的装置、设施或者场所进行新建、改建、扩建的；

（3）危险化学品种类、数量、生产、使用工艺或者储存方式及重要设备、设施等发生变化，影响重大危险源级别或者风险程度的；

（4）外界生产安全环境因素发生变化，影响重大危险源级别和风险程度的；

（5）发生危险化学品事故造成人员死亡，或者 10 人以上受伤，或者影响到公共安全的；

（6）有关重大危险源辨识和安全评估的国家标准、行业标准发生变化的。

2. 正确

【解析】略。

3. 错误

【解析】根据《国家安全监管总局关于加强化工过程安全管理的指导意见》（安监总管三〔2013〕88 号）第（二十四）条规定，变更批准后，由企业主管部门负责实施。没有经过审查和批准，任何临时性变更都不得超过原批准范围和期限。

4. 正确

【解析】略。

5. 错误

【解析】企业在生产活动中进行的任何变更都需要办理申请手续。

6. 错误

【解析】根据《国家安全监管总局关于加强化工过程安全管理的指导意见》（安监总管三〔2013〕88 号）第（二十三）条规定，管理变更主要包括安全和生产相关的关键岗位人员、供应商和承包商、管理机构、管理职责、管理制度和标准、生产组织方式等方面的改变。

7. 正确

【解析】略。

## 第八节　特殊作业管理

## 习　题

### 一、单项选择题

1. 临时用电的风险不包括（　　）。

    A. 作业人员接电或用电过程中可能造成触电的风险

    B. 火灾爆炸危险场所接电时可能出现电火花引燃周围可燃气体的风险

    C. 电缆敷设沿途因磁场增加造成影响人身健康的风险

    D. 超过额定用电负荷造成电气火灾的风险

2. 根据《危险化学品企业特殊作业安全规范》（GB 30871—2022），下列关于动火作业管理的表述，不正确的是（　　）。

    A. 在火灾爆炸危险场所处于运行状态下的生产装置设备、管道、储罐、容器等部位上进行动火作业属于特级动火作业

    B. 带压不置换动火作业按特级动火作业管理

    C. 凡生产装置或系统全部停车进行的动火作业可按二级动火作业管理

    D. 厂区管廊上的动火作业按一级动火作业管理

3. 根据《危险化学品企业特殊作业安全规范》（GB 30871—2022），使用气焊、气割动火作业时，氧气瓶与乙炔气瓶的间距应不小于（　　）m。

    A. 4　　　　　B. 5　　　　　C. 8　　　　　D. 10

4. 根据《危险化学品企业特殊作业安全规范》（GB 30871—2022），一级动火作业中断时间超过（　　）min，应重新进行气体分析。

    A. 30　　　　B. 40　　　　C. 60　　　　D. 90

5. 根据《危险化学品企业特殊作业安全规范》（GB 30871—2022），对于在化工生产装置内实施动火作业，下列选项中表述错误的是（　　）。

A. 动火作业前,应办理动火作业票

B. 动火作业前,应按要求进行动火分析

C. 电焊机与动火点的间距应不超过 10 m,不能满足要求时应将电焊机作为动火点进行管理

D. 动火作业前,动火点周围或其下方的孔洞、窨井、地沟等,无须遮盖

6. 根据《危险化学品企业特殊作业安全规范》(GB 30871—2022),在进入受限空间内涂刷具有挥发性溶剂的涂料时,下列采取的通风措施符合要求的是(　　)。

A. 自然通风　　B. 强制通风　　C. 通入蒸汽　　D. 通入氧气

7. 根据《危险化学品企业特殊作业安全规范》(GB 30871—2022),特殊作业时,超过(　　)的手持式、移动式电动工器具应逐个配置漏电保护器和电源开关。

A. 工作电压　　B. 安全电压　　C. 额定电压　　D. 危险电压

8. 根据《危险化学品企业特殊作业安全规范》(GB 30871—2022),在管道、储罐、塔器等设备外壁动火,应在动火点(　　)m 范围内进行气体分析。

A. 10　　　　B. 5　　　　C. 15　　　　D. 8

9. 根据《危险化学品企业特殊作业安全规范》(GB 30871—2022),对于在被测气体或蒸气的爆炸下限大于或等于 4%(体积分数)的场所进行动火作业,被测气体含量检测合格标准为体积分数应不大于(　　)。

A. 1.0%　　　B. 0.8%　　　C. 0.6%　　　D. 0.5%

10. 根据《危险化学品企业特殊作业安全规范》(GB 30871—2022),下列受限空间作业前实施的安全隔绝措施,不符合要求的是(　　)。

A. 对与受限空间连通的可能危及安全作业的管道应采用插入盲板或拆除一段管道进行隔离

B. 对与受限空间连通的可能危及安全作业的孔、洞进行严密封堵

C. 受限空间内用电设备已有效切断电源,在电源开关处上锁并加挂警示牌

D. 对与受限空间连通的可能危及安全作业的管道采用关闭阀门进行隔绝

11. 根据《危险化学品企业特殊作业安全规范》（GB 30871—2022），动火作业过程中，监护人确需离开现场时，监护人可做下列（　　）处理。

　　A. 收回作业票，中止动火

　　B. 指派其他人员代为监护

　　C. 给作业人员交代安全须知后离开

　　D. 允许作业人员继续作业

12. 根据《危险化学品企业特殊作业安全规范》（GB 30871—2022），特殊作业可能造成的危害主要表现在对（　　）造成的危害。

　　A. 作业者本人　　　　　　B. 他人

　　C. 周围建（构）筑物　　　D. 以上都是

13. 根据《危险化学品企业特殊作业安全规范》（GB 30871—2022），高处作业定义中"坠落基准面"是指（　　）。

　　A. 地面　　　　　　　　　B. 坠落处最低点的水平面

　　C. 平台　　　　　　　　　D. 阻挡面

14. 根据《危险化学品企业特殊作业安全规范》（GB 30871—2022），在下列（　　）环境进行作业，可不按受限空间作业管理。

　　A. 塔内　　　　　　　　　B. 炉膛内

　　C. 反应器内　　　　　　　D. 办公楼楼梯间

15. 安全带是进行机械高处作业人员预防坠落伤亡的个体防护用品，安全带的正确使用方法是（　　）。

　　A. 低挂高用　　　　　　　B. 高挂低用

　　C. 水平挂用　　　　　　　D. 挂位自由使用

16. 安全色中的红色传递（　　）。

　　A. 安全的提示性信息

　　B. 必须遵守规定的指令性信息

　　C. 注意、警告的信息

　　D. 禁止、停止、危险或提示消防设备、设施的信息

17. 生产经营单位应当在较大危险因素的生产经营场所和有关设施、设备

上，设置明显的（　　）。

A. 安全警示标志　　　　　B. 安全色

C. 安全指示　　　　　　　D. 物料流向

## 二、多项选择题

1. 根据《危险化学品企业特殊作业安全规范》（GB 30871—2022），动火作业前，需采取遮盖措施的部位包括动火点周围和动火点下方的（　　）等。

A. 孔洞　　　B. 水封设施　　　C. 窨井　　　D. 地沟

2. 根据《危险化学品企业特殊作业安全规范》（GB 30871—2022），在受限空间内作业，下列关于现场照明配置的表述，正确的是（　　）。

A. 受限空间内使用的照明电压应不超过 36 V

B. 受限空间内使用的照明电压应不超过 48 V

C. 在潮湿容器、狭小容器内作业电压应不超过 12 V

D. 在潮湿容器、狭小容器内作业电压应不超过 24 V

3. 根据《危险化学品企业特殊作业安全规范》（GB 30871—2022），动火作业的形式中包括使用（　　）进行的作业。

A. 电钻　　　B. 砂轮　　　C. 喷砂机　　　D. 喷灯

E. 电气焊

4. 根据《危险化学品企业特殊作业安全规范》（GB 30871—2022），下列作业列入危险化学品企业特殊作业范围的是（　　）。

A. 进入受限空间作业　　　　B. 吊装作业

C. 倒罐作业　　　　　　　　D. 盲板抽堵作业

5. 根据《危险化学品企业特殊作业安全规范》（GB 30871—2022），特殊作业前采取的能量隔离措施包括（　　）。

A. 机械隔离　　B. 工艺隔离　　C. 电气隔离　　D. 热隔离

6. 根据《危险化学品企业特殊作业安全规范》（GB 30871—2022），下列关于特殊作业配备监护人的表述，正确的是（　　）。

A. 监护人应由具有生产（作业）实践经验的人员担任

B. 监护人可由刚上岗的新员工担任

C. 监护人应经专项培训考试合格

D. 监护人应持培训合格证上岗

7. 下列各项有关特殊作业的内容中，属于监护人职责的是（　　）。

A. 安全技术交底

B. 检查作业人员配备和使用的个体防护装备是否满足作业要求

C. 核查安全作业票中各项安全措施是否已得到落实

D. 当作业现场出现异常情况时应中止作业，并采取安全有效措施进行应急处置

## 三、判断题

1. 根据《危险化学品企业特殊作业安全规范》（GB 30871—2022），特殊作业是否配备监护人应根据作业类型确定。（　　）

2. 根据《危险化学品企业特殊作业安全规范》（GB 30871—2022），受限空间作业的氧体积分数不得小于18%，否则应按照缺氧环境采取防护措施。

（　　）

3. 根据《危险化学品企业特殊作业安全规范》（GB 30871—2022），受限空间都是封闭场所。（　　）

4. 一级动火作业中断60 min，应重新进行气体分析。（　　）

5. 根据《危险化学品企业特殊作业安全规范》（GB 30871—2022），在设备或管道上进行特级动火作业时，设备或管道内应保持微负压。（　　）

6. 根据《危险化学品企业特殊作业安全规范》（GB 30871—2022），吊装作业是指利用各种吊装机具将设备、工件、器具、材料等吊起，使其位置发生变化的作业。（　　）

# 参考答案及解析

## 一、单项选择题

1. C

【解析】电缆敷设沿途磁场增加极微，可以忽略不计。

2. C

【解析】根据《危险化学品企业特殊作业安全规范》（GB 30871—2022）第 5.1.4 条规定，生产装置或系统全部停车，装置经清洗、置换、分析合格并采取安全隔离措施后，根据其火灾、爆炸危险性大小，经危险化学品企业安全负责人或安全管理负责人批准，动火作业可按二级动火作业管理。

3. B

【解析】根据《危险化学品企业特殊作业安全规范》（GB 30871—2022）第 5.2.13 条规定，使用气焊、气割动火作业时，氧气瓶与乙炔气瓶的间距应不小于 5 m。

4. A

【解析】根据《危险化学品企业特殊作业安全规范》（GB 30871—2022）第 5.3.1 条规定，特级、一级动火作业中断时间超过 30 min，二级动火作业中断时间超过 60 min，应重新进行气体分析。

5. D

【解析】根据《危险化学品企业特殊作业安全规范》（GB 30871—2022）第 5.2.4 条规定，动火点周围或其下方如有可燃物、电缆桥架、孔洞、窨井、地沟、水封设施、污水井等，应检查分析并采取清理或封盖等措施。第 5.2.12 条规定，使用电焊机作业时，电焊机与动火点的间距应不超过 10 m，不能满足要求时应将电焊机作为动火点进行管理。

6. B

【解析】根据《危险化学品企业特殊作业安全规范》（GB 30871—2022）第

6.3 条规定，作业前应确保受限空间内的气体环境满足作业要求，涂刷具有挥发性溶剂的涂料时，应采取强制通风措施。

7. B

【解析】根据《危险化学品企业特殊作业安全规范》（GB 30871—2022）第 4.5 条规定，超过安全电压的手持式、移动式电动工器具应逐个配置漏电保护器和电源开关。

8. A

【解析】根据《危险化学品企业特殊作业安全规范》（GB 30871—2022）第 5.3.1 条规定，在管道、储罐、塔器等设备外壁上动火，应在动火点 10 m 范围内进行气体分析。

9. D

【解析】根据《危险化学品企业特殊作业安全规范》（GB 30871—2022）第 5.3.2 条规定，动火分析合格标准为：

（1）当被测气体或蒸气的爆炸下限大于或等于 4% 时，其被测体积分数应不大于 0.5%；

（2）当被测气体或蒸气的爆炸下限小于 4% 时，其被测体积分数应不大于 0.2%。

10. D

【解析】根据《危险化学品企业特殊作业安全规范》（GB 30871—2022）第 6.1 条规定，对与受限空间连通的可能危及安全作业的管道应采用加盲板或拆除一段管道的方式进行隔离；不应采用水封或关闭阀门代替盲板作为隔断措施。

11. A

【解析】根据《危险化学品企业特殊作业安全规范》（GB 30871—2022）第 4.10 条规定，作业期间，监护人不应擅自离开作业现场且不应从事与监护无关的事。确需离开作业现场时，应收回安全作业票，中止作业。

12. D

【解析】根据《危险化学品企业特殊作业安全规范》（GB 30871—2022）第 3.1 条规定，危险化学品企业特殊作业是指危险化学品企业生产经营过程中可能涉及的动火、进入受限空间、盲板抽堵、高处作业、吊装、临时用电、动土、断路等，对作业者本人、他人及周围建（构）筑物、设备设施可能造成危害或损毁的作业。

13. B

【解析】根据《危险化学品企业特殊作业安全规范》（GB 30871—2022）第3.8条规定，坠落基准面是指坠落处最低点的水平面。

14. D

【解析】《危险化学品企业特殊作业安全规范》（GB 30871—2022）第3.5条规定，受限空间是指进出受限，通风不良，可能存在易燃易爆、有毒有害物质或缺氧，对进入人员的身体健康和生命安全构成威胁的封闭、半封闭设施及场所，包括反应器、塔、釜、槽、罐、炉膛、锅筒、管道以及地下室、窨井、坑（池）、管沟或其他封闭、半封闭场所。

15. B

【解析】安全带"高挂低用"是指将安全带挂在高于人员站立的地方，人员工作的地方要低于安全带挂的位置。按这样的系挂方法，一旦坠落事故发生，安全带、安全绳和金属配件的联合力量可将人员拉住，使实际冲击距离减小或使人员不坠落掉下。

16. D

【解析】《安全色》（GB 2893—2008）规定红、蓝、黄、绿4种颜色为安全色。其含义和用途：

（1）红色传递禁止、停止、危险或提示消防设备、设施的信息；

（2）蓝色传递必须遵守规定的指令性信息；

（3）黄色传递注意、警告的信息；

（4）绿色传递安全的提示性信息。

17. A

【解析】根据《中华人民共和国安全生产法》第三十五条规定，生产经营单位应当在有较大危险因素的生产经营场所和有关设施、设备上，设置明显的安全警示标志。

## 二、多项选择题

1. ABCD

【解析】根据《危险化学品企业特殊作业安全规范》（GB 30871—2022）第5.2.4条规定，动火点周围或其下方如有可燃物、电缆桥架、孔洞、窨井、地沟、水封设施、污水井等，应检查分析并采取清理或封盖等措施。

2. AC

【解析】根据《危险化学品企业特殊作业安全规范》（GB 30871—2022）第4.13条规定，受限空间内使用的照明电压应不超过36 V，并满足安全用电要求；在潮湿容器、狭小容器内作业电压应不超过12 V。

3. ABCDE

【解析】根据《危险化学品企业特殊作业安全规范》（GB 30871—2022）第3.4条规定，动火作业是指在直接或间接产生明火的工艺设施以外的禁火区内从事可能产生火焰、火花或炽热表面的非常规作业，包括使用电焊、气焊（割）、喷灯、电钻、砂轮、喷砂机等进行的作业。

4. ABD

【解析】根据《危险化学品企业特殊作业安全规范》（GB 30871—2022）第3.1条规定，危险化学品企业特殊作业是指危险化学品企业生产经营过程中可能涉及的动火、进入受限空间、盲板抽堵、高处作业、吊装、临时用电、动土、断路等作业。

5. ABC

【解析】根据《危险化学品企业特殊作业安全规范》（GB 30871—2022）第4.2条规定，能量隔离措施主要包括机械隔离、工艺隔离、电气隔离、放射源隔离。

6. ACD

【解析】根据《危险化学品企业特殊作业安全规范》（GB 30871—2022）第4.10条规定，监护人应由具有生产（作业）实践经验的人员担任，并经专项培训考试合格，佩戴明显标识，持培训合格证上岗。

7. BCD

【解析】根据《危险化学品企业特殊作业安全规范》（GB 30871—2022）第4.10条规定，监护人的通用职责要求包括：

（1）作业前检查安全作业票，安全作业票应与作业内容相符并在有效期内，核查安全作业票中各项安全措施已得到落实；

（2）确认相关作业人员持有效资格证书上岗；

（3）检查作业人员配备和使用的个体防护装备满足作业要求；

（4）对作业人员的行为和现场安全作业条件进行检查与监督，负责作业现场的安全协调与联系；

（5）当作业现场出现异常情况时应中止作业，并采取安全有效措施进行应急处置，当作业人员违章时，应及时制止违章，情节严重时，应收回安全作业票、中止作业；

（6）作业期间，监护人不应擅自离开作业现场且不应从事与监护无关的事，确需离开作业现场时，应收回安全作业票，中止作业。

## 三、判断题

1. 错误

【解析】根据《危险化学品企业特殊作业安全规范》（GB 30871—2022）第4.10条规定，危险化学品企业特殊作业期间应设监护人。

2. 错误

【解析】根据《危险化学品企业特殊作业安全规范》（GB 30871—2022）第6.4条规定，受限空间内气体检测氧含量分析合格标准为：氧含量为19.5%～21%（体积分数），在富氧环境下应不大于23.5%（体积分数）。

3. 错误

【解析】根据《危险化学品企业特殊作业安全规范》（GB 30871—2022）第3.5条规定，受限空间是指进出受限，通风不良，可能存在易燃易爆、有毒有害物质或缺氧，对进入人员的身体健康和生命安全构成威胁的封闭、半封闭设施及场所。

4. 错误

**【解析】**《危险化学品企业特殊作业安全规范》（GB 30871—2022）第 5.3.1 条规定，动火作业前应进行气体分析，特级、一级动火作业中断时间超过 30 min，二级动火作业中断时间超过 60 min，应重新进行气体分析；每日动火前均应进行气体分析；特级动火作业期间应连续进行监测。

5. 错误

**【解析】** 根据《危险化学品企业特殊作业安全规范》（GB 30871—2022）第 5.4.2 条规定，在设备或管道上进行特级动火作业时，设备或管道内应保持微正压。

6. 正确

**【解析】** 根据《危险化学品企业特殊作业安全规范》（GB 30871—2022）第 3.9 条规定，吊装作业是指利用各种吊装机具将设备、工件、器具、材料等吊起，使其发生位置变化的作业。

# 第九节　危险化学品储存

## 习　　题

### 一、单项选择题

1. 根据《危险化学品安全管理条例》，危险化学品储存单位应当建立危险化学品出入库核查、（　　）制度。

　　A. 登记　　　　B. 使用　　　　C. 检查　　　　D. 培训

2. 根据《危险化学品企业安全风险隐患排查治理导则》（应急〔2019〕78 号），液化烃储罐的储存系数应不大于（　　）。

　　A. 0.9　　　　B. 0.85　　　　C. 0.8　　　　D. 0.75

3. 根据《危险化学品企业安全风险隐患排查治理导则》（应急〔2019〕78

号),全压力式液化烃储罐宜采用有防冻措施的二次脱水系统,储罐根部宜设( )。

  A. 紧急切断阀    B. 球形阀门
  C. 控制阀      D. 电动阀

4. 根据《危险化学品企业安全风险隐患排查治理导则》(应急〔2019〕78号),液氯气化器、贮槽(罐)等设施设备的压力表、液位计、温度计,应装有带( )的安全装置。

  A. 监控    B. 远传报警    C. 控制系统    D. 切断系统

5. 根据《危险化学品企业安全风险隐患排查治理导则》(应急〔2019〕78号),液氯贮槽(罐)、计量槽、气化器中液氯充装量应不大于容器容积的( );液氯充装结束,应采取措施,防止管道处于满液封闭状态。

  A. 95%    B. 85%    C. 90%    D. 80%

6. 根据《危险化学品企业安全风险隐患排查治理导则》(应急〔2019〕78号),氯乙烯气柜进出总管应设置压力和柜位检测,DCS指示、报警、联锁,记录保持时间不低于( )。

  A. 3个月    B. 2个月    C. 1个月    D. 15天

7. 根据《危险化学品企业安全风险隐患排查治理导则》(应急〔2019〕78号),氯乙烯气柜压力和柜位联锁应设置高高或低低的( )联锁动作。

  A. 四选三    B. 三选二    C. 三选一    D. 三选三

8. ( )是指在同一建筑物或同一区域内,用隔板或墙,将不同禁忌物品分离开的储存方式。

  A. 隔离储存    B. 隔断储存    C. 隔开储存    D. 分离储存

9. 根据《防止静电事故通用导则》(GB 12158—2006),控制危险化学品罐内产生爆炸性混合气体的风险,可采取在呼吸阀上装设( )、装设接地系统、控制物料流速等措施控制风险。

  A. 爆破片    B. 防雨帽    C. 安全阀    D. 阻火器

10. 电解食盐水过程中产生的氢气是极易燃烧的气体,氯气是氧化性很强的剧毒气体,两种气体混合极易发生爆炸,当氯气中氢体积分数达到( )时,随时可能在光照或受热情况下发生爆炸。

  A. 5%    B. 10%    C. 15%    D. 20%

11. 加氢为强烈的放热反应，氢气在高温高压下与钢材接触，钢材内的碳分子易与氢气发生反应生成碳氢化合物，使钢制设备强度降低，发生（　　）。

  A. 氢腐蚀      B. 电化学腐蚀

  C. 电离腐蚀      D. 氢脆

12. 电石遇（　　）会发生激烈反应，生成乙炔气体，具有燃爆危险性。

  A. 水   B. 空气   C. 氧气   D. 一氧化碳

13. 企业要保证生产管理、过程危害分析、事故调查、符合性审核、安全监督检查、应急救援等方面的相关人员能够及时获取最新（　　）。

  A. 信息       B. 危险信息

  C. 岗位告知卡     D. 安全生产信息

## 二、多项选择题

1. 根据《危险化学品安全管理条例》，生产、储存危险化学品的单位，应当根据其生产、储存的危险化学品的种类和危险特性，在作业场所设置相应的（　　）、防腐、防泄漏以及防护围堤或者隔离操作等安全设施、设备，并按照国家标准、行业标准或者国家有关规定对安全设施、设备进行经常性维护、保养，保证安全设施、设备的正常使用。

  A. 监测、监控     B. 通风、防晒

  C. 防火、防爆     D. 防毒

  E. 防雷

2. 根据《危险化学品储存通则》（GB 15603—2022），危险化学品应符合防火、防爆安全要求，下列物品应分离储存的是（　　）。

  A. 亚硝酸盐      B. 溴素

  C. 过氧化氢      D. 剧毒化学品

3. 根据《危险化学品储存通则》（GB 15603—2022），危险化学品仓库应采取的储存方式包括（　　）。

A. 隔离储存　　B. 隔开储存　　C. 分离储存　　D. 分开储存

4. 根据《危险化学品储存通则》（GB 15603—2022），（　　）不能与硝酸铵同一库房储存。

A. 硫酸　　　　B. 盐酸　　　　C. 硫黄　　　　D. 硝酸

5. 危险化学品储存过程中可能存在的风险有（　　）。

A. 火灾爆炸的风险　　　　　　B. 危险化学品泄漏的风险

C. 人员中毒的风险　　　　　　D. 人员灼伤的风险

## 三、判断题

1. 根据《危险化学品安全管理条例》，生产、储存剧毒化学品企业应当设置治安保卫机构，配备专职治安保卫人员。（　　）

2. 危险化学品储存信息数据应进行异地实时备份，数据保存期限不少于半年。（　　）

3. 根据《危险化学品企业安全风险隐患排查治理导则》（应急〔2019〕78号），硝酸铵溶液的储存罐区应设独立罐区，单个罐区存量最大不超过 1 000 m$^3$，单个储罐最大储量不超过 200 m$^3$。（　　）

4. 液化烃球形储罐应设就地和远传的液位计，可以选用玻璃板液位计。（　　）

5. 根据《危险化学品企业安全风险隐患排查治理导则》（应急〔2019〕78号），液化烃充装车过程中，应设专人在车辆紧急切断装置处值守，确保可随时处置紧急情况。（　　）

6. 丁二烯球形储罐安全阀出口管道应设压缩空气吹扫。（　　）

7. 根据《危险化学品企业安全风险隐患排查治理导则》（应急〔2019〕78号），地上液氯贮槽（罐）区地面应低于周围地面 0.3~0.5 m 或在储存区周边设 0.3~0.5 m 的事故围堰。（　　）

8. 液体氯乙烯可以直接通入气柜进行储存。（　　）

9. 氯乙烯气柜的进出口管道均应设远程紧急切断阀。（　　）

# 参考答案及解析

## 一、单项选择题

1. A

【解析】根据《危险化学品安全管理条例》第二十五条规定，危险化学品储存单位应当建立危险化学品出入库核查、登记制度。

2. A

【解析】根据《危险化学品企业安全风险隐患排查治理导则》（应急〔2019〕78号）的重点危险化学品特殊管控安全风险隐患排查表要求，液化烃储罐的储存系数应不大于0.9。

3. A

【解析】根据《危险化学品企业安全风险隐患排查治理导则》（应急〔2019〕78号）的重点危险化学品特殊管控安全风险隐患排查表要求，全压力式液化烃储罐宜采用有防冻措施的二次脱水系统，储罐根部宜设紧急切断阀。

4. B

【解析】根据《危险化学品企业安全风险隐患排查治理导则》（应急〔2019〕78号）的重点危险化学品特殊管控安全风险隐患排查表要求，液氯气化器、贮槽（罐）等设施设备的压力表、液位计、温度计，应装有带远传报警的安全装置。

5. D

【解析】根据《危险化学品企业安全风险隐患排查治理导则》（应急〔2019〕78号）的重点危险化学品特殊管控安全风险隐患排查表要求，液氯贮槽（罐）、计量槽、气化器中液氯充装量应不大于容器容积的80%；液氯充装结束，应采取措施，防止管道处于满液封闭状态。

6. A

【解析】根据《危险化学品企业安全风险隐患排查治理导则》（应急〔2019〕

78号）的重点危险化学品特殊管控安全风险隐患排查表要求，氯乙烯气柜进出总管应设置压力和柜位检测，DCS指示、报警、联锁，记录保持时间不低于3个月。

7. B

【解析】根据《危化品企业安全风险隐患排查治理导则》（应急〔2019〕78号）的重点危险化学品特殊管控安全风险隐患排查表要求，氯乙烯气柜压力和柜位联锁应设置高高或低低的三选二联锁动作。

8. C

【解析】略。

9. D

【解析】略。

10. A

【解析】根据《首批重点监管的危险化工工艺安全控制要求、重点监控参数及推荐的控制方案》（安监总管三〔2009〕116号），电解食盐水过程中产生的氢气是极易燃烧的气体，氯气是氧化性很强的剧毒气体，两种气体混合极易发生爆炸，当氯气中氢体积分数达到5%时，随时可能在光照或受热情况下发生爆炸。应予以重点监控。

11. D

【解析】根据《首批重点监管的危险化工工艺安全控制要求、重点监控参数及推荐的控制方案》（安监总管三〔2009〕116号），加氢为强烈的放热反应，氢气在高温高压下与钢材接触，钢材内的碳分子易与氢气发生反应生成碳氢化合物，使钢制设备强度降低，发生氢脆。应予以重点监控。

12. A

【解析】根据《首批重点监管的危险化工工艺安全控制要求、重点监控参数及推荐的控制方案》（安监总管三〔2009〕116号），电石遇水会发生激烈反应，生成乙炔气体，具有燃爆危险性。应予以重点监控。

13. D

【解析】根据《国家安全监管总局关于加强化工过程安全管理的指导意见》

(安监总管三〔2013〕88号）第（四）条规定，企业要保证生产管理、过程危害分析、事故调查、符合性审核、安全监督检查、应急救援等方面的相关人员能够及时获取最新安全生产信息。

## 二、多项选择题

1. ABCDE

【解析】根据《危险化学品安全管理条例》第二十条规定，生产、储存危险化学品的单位，应当根据其生产、储存的危险化学品的种类和危险特性，在作业场所设置相应的监测、监控、通风、防晒、调温、防火、灭火、防爆、泄压、防毒、中和、防潮、防雷、防静电、防腐、防泄漏以及防护围堤或者隔离操作等安全设施、设备，并按照国家标准、行业标准或者国家有关规定对安全设施、设备进行经常性维护、保养，保证安全设施、设备的正常使用。

2. ABCD

【解析】根据《危险化学品储存通则》（GB 15603—2022）第5.9条规定，剧毒化学品、易燃气体、氧化性气体、急性毒性气体、遇水放出易燃气体的物质和混合物、氯酸盐、高锰酸盐、亚硝酸盐、过氧化钠、过氧化氢、溴素应分离储存。

3. ABC

【解析】根据《危险化学品储存通则》（GB 15603—2022）第5.1条规定，危险化学品仓库应采用隔离储存、隔开储存、分离储存的方式对危险化学品进行储存。

4. ABCD

【解析】硝酸铵属于爆炸物。根据《危险化学品储存通则》（GB 15603—2022）第4.4.4条规定，爆炸物应专库储存。不应与其他危险化学品混存。

5. ABCD

【解析】略。

## 三、判断题

1. 正确

【解析】根据《危险化学品安全管理条例》第二十三条规定，生产、储存剧毒化学品企业应当设置治安保卫机构，配备专职治安保卫人员。

2. 错误

【解析】根据《危险化学品储存通则》（GB 15603—2022）第 4.3 条规定，危险化学品储存信息数据应进行异地实时备份，数据保存期限不少于 1 年。

3. 正确

【解析】略。

4. 错误

【解析】根据《危险化学品企业安全风险隐患排查治理导则》（应急〔2019〕78 号）的重点危险化学品特殊管控安全风险隐患排查表要求，液化烃球形储罐应设就地和远传的液位计，但不宜选用玻璃板液位计。

5. 正确

【解析】根据《危险化学品企业安全风险隐患排查治理导则》（应急〔2019〕78 号）的重点危险化学品特殊管控安全风险隐患排查表要求，液化烃充装车过程中，应设专人在车辆紧急切断装置处值守，确保可随时处置紧急情况。

6. 错误

【解析】根据《危险化学品企业安全风险隐患排查治理导则》（应急〔2019〕78 号）的重点危险化学品特殊管控安全风险隐患排查表要求，丁二烯球形储罐安全阀出口管道应设氮气吹扫。

7. 正确

【解析】略。

8. 错误

【解析】根据《危险化学品企业安全风险隐患排查治理导则》（应急〔2019〕78 号）的重点危险化学品特殊管控安全风险隐患排查表要求，液体氯乙烯不应直接通入气柜。

9. 正确

**【解析】** 根据《危险化学品企业安全风险隐患排查治理导则》（应急〔2019〕78号）的重点危险化学品特殊管控安全风险隐患排查表要求，氯乙烯气柜的进出口管道应设远程紧急切断阀。

# 第三章 安全生产技术

## 第一节 危险化学品基础知识

## 习 题

一、单项选择题

1. 根据《危险化学品安全管理条例》，下列关于危险化学品运输规定的表述，正确的是（ ）。

    A. 危险化学品禁止通过内河水域运输

    B. 载运危险化学品的船舶在内河航行，必须申请引航

    C. 通过道路运输危险化学品的，应当配备押运人员，并保证所运输的危险化学品处于押运人员的监控之下

    D. 危险化学品道路运输企业、水路运输企业应当配备专职或者兼职安全管理人员

2. 生产、储存危险化学品的单位，应当对其铺设的危险化学品管道设置（ ），并对危险化学品管道定期检查、检测。

    A. 隔热装置    B. 保温措施    C. 明显标志    D. 防水措施

3. 危险化学品生产企业应当提供与其生产的危险化学品相符的化学品安全技术说明书，并在危险化学品包装（包括外包装件）上粘贴或者拴挂与包装内危险化学品相符的化学品（ ）。

    A. 安全标签             B. 检测报告

C. 化验单　　　　　　　　　D. 配方或成分表

4. 根据《危险化学品安全管理条例》，剧毒化学品经营企业应当如实记录其生产、储存的剧毒化学品的（　　），发现丢失或被盗的，必须立即向当地公安部门报告。

A. 数量、流向　　　　　　　B. 数量
C. 流向　　　　　　　　　　D. 原料和产品比例

5. 根据《危险化学品安全管理条例》，对重复使用的危险化学品包装物、容器应当进行检查，发现存在安全隐患的，进行维修或者更换。使用单位对检查情况作出记录，记录的保存期限不得少于（　　）年。

A. 1　　　　B. 2　　　　C. 3　　　　D. 4

6. 为保证设备和系统的密闭性，最普遍的做法是在设备检修之后，使用（　　）来检查系统的密闭性。

A. 机械强度试验　　　　　　B. 物理射线探伤
C. 气密试验　　　　　　　　D. 磁粉试验

7. 根据《危险化学品安全管理条例》，（　　）、易制爆化学品生产、经营企业的销售记录至少应当保存 1 年。

A. 监管的危险化学品　　　　B. 化学品
C. 放射性化学品　　　　　　D. 剧毒化学品

8. 根据《危险化学品安全管理条例》，危险化学品是指具有（　　）等性质，对人体、设施、环境具有危害的剧毒化学品和其他化学品。

A. 毒害、腐蚀、爆炸、燃烧
B. 毒害、腐蚀、爆炸、燃烧、助燃
C. 毒害、爆炸、燃烧、助燃
D. 毒害、腐蚀、爆炸、燃烧、助燃、辐射

9. 汽油的闪点是 $-46\ ℃$、苯的闪点是 $-11\ ℃$、丙酮的闪点是 $-20\ ℃$，用闪点作比较，这 3 种可燃液体中，（　　）的火灾危险性最大。

A. 汽油　　　　B. 苯　　　　C. 丙酮

10. 灭火时，灭火器的喷射口应该对准火焰的（　　），以达到快速灭火的

效果。

  A. 上部　　　　B. 中部　　　　C. 根部　　　　D. 任意部位

 11. 致爆时间是指在（　　）条件下，失控反应达到最大反应速率所需要的时间。

  A. 恒温　　　　B. 常温　　　　C. 常压　　　　D. 绝热

 12. （　　）是指危险化学品生产、储存装置危险源在发生火灾、爆炸、有毒气体泄漏时，为预防和减缓对厂外防护目标的影响而设定的安全防护距离。

  A. 外部安全防护距离　　　　　　B. 内部安全防护距离

  C. 企业安全防护距离　　　　　　D. 作业安全防护距离

 13. 腐蚀品对人体有腐蚀作用，很容易造成人体（　　）。

  A. 烧伤　　　　B. 烫伤　　　　C. 化学灼伤　　D. 中毒

 14. 根据《危险化学品安全管理条例》，个人不得购买下列（　　）危险化学品。

  A. 农药　　　　B. 灭虫药　　　C. 氰化钾　　　D. 硫酸

## 二、多项选择题

 1. 《石油化工企业设计防火标准（2018年版）》（GB 50160—2008）中将液化烃、可燃液体的火灾危险性分为甲类、乙类、丙类，又细分为甲$_A$、甲$_B$、乙$_A$、乙$_B$、丙$_A$、丙$_B$ 6小类，下列（　　）不属于甲$_A$类液体。

  A. 15 ℃时的蒸气压力<0.1 MPa的烃类液体

  B. 15 ℃时的蒸气压力>0.1 MPa的烃类液体

  C. 闪点<28 ℃的液体

  D. 28 ℃≤闪点≤45 ℃的液体

 2. 气体的燃烧不需要像固体、液体物质那样经过熔化、蒸发等准备过程，气体在燃烧时所需要的热量仅用于氧化或分解气体以及将气体加热到燃点。气体燃烧可分为（　　）和（　　）两种形式。

  A. 混合燃烧　　B. 扩散燃烧　　C. 氧化燃烧　　D. 阴燃

 3. 危险化学品（　　）的安全管理，适用《危险化学品安全管理条例》。

A. 生产、储存　B. 使用　　　C. 经营　　　　D. 运输

E. 废弃处置

4. 易导致产汽锅炉炉膛发生爆炸的原因是（　　）。

A. 送风机故障停运造成瞬间灭火，未采取其他措施立即恢复启动

B. 点火不成功，未对炉膛进行空气置换再次点火

C. 炉膛内一个或多个燃烧器熄灭，未及时关闭熄灭燃烧器的燃料气供应

D. 烟道挡板突然开大

E. 蒸汽汽包压力过低

5. 按照《化学品安全标签编写规定》（GB 15258—2009），安全标签的要素包括（　　）。

A. 化学品标识　　　　　B. 象形图

C. 信号词　　　　　　　D. 防范说明

E. 化学品的生产日期和保质期

### 三、判断题

1. 可燃物在空气中没有外来火源的作用，靠自热或外热而发生燃烧的最低温度称为闪点。　　　　　　　　　　　　　　　　　　　　　　　（　）

2. 可燃气体和有毒气体的检测报警应采用两级报警，同级别的有毒气体和可燃气体同时报警时，有毒气体的报警级别应滞后。　　　　　　　（　）

3. 根据《石油化工可燃气体和有毒气体检测报警设计标准》（GB/T 50493—2019），可燃、有毒气体指示报警设备选用时，可燃气体的测量范围应为爆炸下限的 0~100%；有毒气体的测量范围应为职业接触限值的 0~300%，当现有检测器的测量范围不能满足上述要求时，有毒气体的测量范围可为直接致害浓度的 0~30%。　　　　　　　　　　　　　　　　　　　　　　　　　　　（　）

4. 易燃、可燃液体发生闪燃的最低温度称为露点。　　　　　（　）

5. 阴燃是指某些固体可燃物在空气不流通，加热温度较低或可燃物含水较多等条件下发生的只冒烟、无火焰的燃烧现象。　　　　　　　　　（　）

6. 剩余电流动作保护装置的使用主要是防止短路起火。　　　（　）

7. 在日常生产过程中，与乙炔接触的器具不能用纯铜材料制造。　　（　　）

8. 保险粉很安全，可储存在各类环境中。　　　　　　　　　　　（　　）

# 参考答案及解析

## 一、单项选择题

1. C

【解析】根据《危险化学品安全管理条例》第四十三条规定，危险化学品道路运输企业、水路运输企业应当配备专职安全管理人员。第四十八条规定，通过道路运输危险化学品的，应当配备押运人员，并保证所运输的危险化学品处于押运人员的监控之下。第五十四条规定，禁止通过内河封闭水域运输剧毒化学品以及国家规定禁止通过内河运输的其他危险化学品。前款规定以外的内河水域，禁止运输国家规定禁止通过内河运输的剧毒化学品以及其他危险化学品。禁止通过内河运输的剧毒化学品以及其他危险化学品的范围，由国务院交通运输主管部门会同国务院环境保护主管部门、工业和信息化主管部门、安全生产监督管理部门，根据危险化学品的危险特性、危险化学品对人体和水环境的危害程度以及消除危害后果的难易程度等因素规定并公布。第六十一条规定，载运危险化学品的船舶在内河航行，按照国务院交通运输主管部门的规定需要引航的，应当申请引航。

2. C

【解析】根据《危险化学品安全管理条例》第十三条规定，生产、储存危险化学品的单位，应当对其铺设的危险化学品管道设置明显标志，并对危险化学品管道定期检查、检测。

3. A

【解析】根据《危险化学品安全管理条例》第十五条规定，危险化学品生产企业应当提供与其生产的危险化学品相符的化学品安全技术说明书，并在危险化学品包装（包括外包装件）上粘贴或者拴挂与包装内危险化学品相符的化学品安全标签。

4. A

【解析】根据《危险化学品安全管理条例》第二十三条规定，生产、储存剧毒化学品或者国务院公安部门规定的可用于制造爆炸物品的危险化学品（以下简称易制爆危险化学品）的单位，应当如实记录其生产、储存的剧毒化学品、易制爆危险化学品的数量、流向，并采取必要的安全防范措施，防止剧毒化学品、易制爆危险化学品丢失或者被盗。

5. B

【解析】根据《危险化学品安全管理条例》第十八条规定，对重复使用的危险化学品包装物、容器，使用单位在重复使用前应当进行检查；发现存在安全隐患的，应当维修或者更换。使用单位应当对检查情况作出记录，记录的保存期限不得少于2年。

6. C

【解析】系统气密试验是在设备大修或检修之后，检测系统密闭性的重要手段。

7. D

【解析】根据《危险化学品安全管理条例》第四十一条规定，危险化学品生产企业、经营企业销售剧毒化学品、易制爆危险化学品，应当如实记录购买单位的名称、地址、经办人的姓名、身份证号码以及所购买的剧毒化学品、易制爆危险化学品的品种、数量、用途。销售记录以及经办人的身份证明复印件、相关许可证件复印件或者证明文件的保存期限不得少于1年。

8. B

【解析】根据《危险化学品安全管理条例》第三条规定，危险化学品是指具有毒害、腐蚀、爆炸、燃烧、助燃等性质，对人体、设施、环境具有危害的剧毒化学品和其他化学品。

9. A

【解析】可燃液体的闪点越低，火灾危险性越大，汽油（-46℃）、苯（-11℃）、丙酮（-20℃）的闪点相比，汽油的闪点最低，故其危险性最大。

10. C

【解析】略。

11. D

【解析】在绝热条件下,失控反应达到最大反应速率所需要的时间,称为失控反应最大反应速率达到时间,也叫致爆时间。

12. A

【解析】根据《危险化学品生产装置和储存设施外部安全防护距离确定方法》(GB/T 37243—2019)第3.4条规定,外部安全防护距离是指为了预防和减缓危险化学品生产装置和储存设施潜在事故(火灾、爆炸和中毒等)对厂外防护目标的影响,在装置和设施与防护目标之间设置的距离或风险控制线。

13. C

【解析】腐蚀品是指能灼伤人体组织并对金属等物品造成损坏的固体或液体,腐蚀品容易通过皮肤接触使人体形成化学灼伤。

14. C

【解析】根据《危险化学品安全管理条例》第三十八条规定,个人不得购买剧毒化学品(属于剧毒化学品的农药除外)和易制爆危险化学品。氰化钾是剧毒化学品,因此个人不得购买。

## 二、多项选择题

1. ACD

【解析】根据《石油化工企业设计防火标准(2018年版)》(GB 50160—2008)第3.0.2条规定,15 ℃时的蒸汽压力>0.1 MPa的烃类液体及其他类似的液体为甲$_A$类液体(液化烃)。

2. AB

【解析】气体燃烧是指气体在助燃性介质中发热发光的一种氧化过程。气体燃烧可分为扩散燃烧、混合燃烧两种形式。可燃性气体从系统内喷射出来,一边与空气扩散、一边燃烧称为扩散燃烧;可燃气体和助燃性气体按照一定的比例混合成燃烧系被点燃称为混合燃烧。

3. ABCD

【解析】根据《危险化学品安全管理条例》第二条规定，危险化学品生产、储存、使用、经营和运输的安全管理，适用该条例。

4. ABC

【解析】A选项送风机故障停运，燃料气如果未被切断，重新启动风机可能会导致闪爆；B选项点火不成功，未置换再次点火也可能会发生闪爆；C选项炉膛部分火嘴熄灭燃料气持续供应有可能会导致炉膛大量未燃烧的可燃气体聚集发生闪爆；D选项烟道挡板开大会使炉膛压力持续下降，不会导致爆炸；E选项是蒸汽系统的问题，与炉膛没有直接关系。

5. ABCD

【解析】根据《化学品安全标签编写规定》（GB 15258—2009）第4.1条规定，标签要素包括化学品标识、象形图、信号词、危险性说明、防范说明、应急咨询电话、供应商标识、资料参阅提示语等。化学品安全标签不包括化学品的生产日期和保质期。

### 三、判断题

1. 错误

【解析】自燃是指可燃物质在空气或助燃性物质存在下，被加热到某一温度时，在未接触火源条件下会自行燃烧，发生这种情况的最低温度就是可燃物质的自燃点。液体表面上的蒸气和周围空气的混合物与火接触而初次出现闪光时的温度称为闪点。

2. 错误

【解析】根据《石油化工可燃气体和有毒气体检测报警设计标准》（GB/T 50493—2019）第5.5条规定，可燃气体和有毒气体的检测报警应采用两级报警，同级别的有毒气体和可燃气体同时报警时，有毒气体的报警级别应优先。

3. 正确

【解析】略。

4. 错误

【解析】闪点是指在规定的试验条件下，可燃性液体或固体表面产生的蒸气与空气形成的混合物，遇火源能够闪燃的液体或固体的最低温度（采用闭杯法测定）。露点是指在总压和湿度不变的条件下，使湿空气降温至饱和状态所对应的温度。

5. 正确

【解析】阴燃是固体燃烧的一种形式，是无可见光的缓慢燃烧，通常产生烟和温度上升等现象，它与有焰燃烧的区别是无火焰，它与无焰燃烧的区别是能热分解出可燃气，因此在一定条件下阴燃可以转换成有焰燃烧。

6. 错误

【解析】剩余电流动作保护装置是在低压配电线路上经常使用的一种保安电器，作用是在中性点接地的低压电网中，防止由漏电而引起的人身触电伤亡事故。

7. 正确

【解析】乙炔与铜、银等金属或其盐类长期接触时，会生成乙炔铜（$Cu_2C_2$）和乙炔银（$Ag_2C_2$）等爆炸性混合物，当受到摩擦、冲击时会发生爆炸。因此，凡供乙炔使用的器材都不能用银和含铜量70%以上的铜合金制造。

8. 错误

【解析】保险粉即连二亚硫酸钠，是一种白色砂状结晶或淡黄色粉末状化学用品。由于硫处于中间价态，所以连二亚硫酸钠既具有强还原性，又具有强氧化性；其与水接触后会释放大量的热和二氧化硫、硫化氢等有毒气体。

## 第二节 防火防爆技术

## 习 题

### 一、单项选择题

1. 根据《石油化工可燃气体和有毒气体检测报警设计标准》(GB/T 50493—2019)，可燃气体的一级报警、二级报警设定值分别小于或等于（ ）。

   A. 15%LEL、25%LEL    B. 25%LEL、50%LEL

   C. 50%LEL、75%LEL    D. 50%LEL、80%LEL

2. 根据《石油化工企业设计防火标准（2018年版）》（GB 50160—2008），下列关于液化烃定义的表述，正确的是（ ）。

   A. 室温下，蒸气压高于0.1 MPa的烃类液体及其他类似的液体，但不包括液化天然气

   B. 室温下，蒸气压高于0.2 MPa的烃类液体及其他类似的液体

   C. 在15 ℃时，蒸气压高于0.2 MPa的烃类液体及其他类似的液体

   D. 在15 ℃时，蒸气压高于0.1 MPa的烃类液体及其他类似的液体

3. 根据《石油化工企业设计防火标准（2018年版）》（GB 50160—2008）中关于火炬系统的定义，按火炬的外形特征可将其分为（ ）等。

   A. 装置内火炬和全厂性火炬    B. 高架火炬和地面火炬

   C. 酸性气火炬和可燃气体火炬    D. 冷火炬和热火炬

4. 根据《石油化工企业设计防火标准（2018年版）》（GB 50160—2008），与空气混合物的爆炸下限<10%（体积分数）的可燃气体称为（ ）气体。

   A. 甲$_A$类    B. 甲$_B$类    C. 甲类    D. 乙类

5. 根据《石油化工企业设计防火标准（2018年版）》（GB 50160—2008），下列关于安全阀设置的表述，正确的是（ ）。

A. 为防止转化炉超温超压，在炉管处设置安全阀

B. 氯乙烯球罐顶部安全阀泄放至火炬管网

C. 在液化烃球罐的倒罐线上设置安全阀

D. 配备有扫线蒸汽的常压容器必须在容器顶部设置安全阀

6. 根据《石油化工企业设计防火标准（2018年版）》（GB 50160—2008），连续操作的可燃气体管道的低点应设两道排液阀，排出的液体应排放至密闭系统。下列（　　）情形的排液阀，可设一道阀门并加丝堵、管帽、盲板或法兰盖。

  A. 生产正常期间使用　　　　B. 仅在开停工时使用

  C. 间歇、周期性使用　　　　D. 使用压力等级较低

7. 一般用于扑救电气火灾的灭火介质不可导电，下列（　　）不能用于扑救电气火灾。

  A. 四氯化碳灭火器　　　　B. 干粉灭火器

  C. 泡沫灭火器　　　　　　D. 二氧化碳灭火器

8. 岗位消防安全"四会"是指会报警、会使用（　　）、会扑救初期火灾、会逃生。

  A. 消防监控　　　　　　　B. 消防车

  C. 消防器材　　　　　　　D. 消防应急电源

9. 液氨储罐发生泄漏导致人员中毒，应急救援的首要任务是抢救中毒人员并进行人员疏散，紧接着必须实施的另外一项重要任务是（　　）。

  A. 冲洗稀释泄漏的液氨　　　B. 堵塞或消除液氨泄漏点

  C. 调查液氨泄漏事故原因　　D. 检测周围空气中的氨气浓度

10. 在火灾初期有阴燃阶段，产生大量的烟和少量的热，没有火焰辐射，常用（　　）火灾探测器。

  A. 感温式　　B. 感烟式　　C. 感光式　　D. 图像式

11. 引起储罐发生抽瘪事故的因素很多，确保（　　）工作正常是预防储罐抽瘪事故的直接措施之一。

  A. 安全阀　　B. 爆破片　　C. 压力表　　D. 呼吸阀

## 二、多项选择题

1. （　　）的安全阀排放气应经处理后放空。

   A. 氨气　　B. 氮气　　C. 氯气　　D. 氧气

2. 根据《爆炸危险环境电力装置设计规范》（GB 50058—2014），爆炸性环境用电气设备分为Ⅰ、Ⅱ、Ⅲ类，下列关于其使用环境的表述，正确的是（　　）。

   A. Ⅰ类电气设备用于煤矿瓦斯气体环境

   B. Ⅱ类电气设备用于除煤矿甲烷气体之外的其他爆炸性气体环境

   C. Ⅲ类电气设备用于除煤矿以外的爆炸性粉尘环境

   D. Ⅰ、Ⅱ、Ⅲ类电气设备均可用于任一爆炸性粉尘环境

3. 工艺控制是消除静电危害的重要方法，下列选项中，属于消除静电控制措施的是（　　）。

   A. 材料的选用　　　　　　B. 增加氧化剂含量

   C. 限制物料的输送速度　　D. 注入抗静电剂

4. 在产生易燃易爆气体的危险作业场所，不应采用（　　）动力配电柜。

   A. 开启式　　B. 防爆型　　C. 密闭型　　D. 半开式

5. 下列（　　）是有毒气体。

   A. 氯气　　B. 硫化氢　　C. 氟化氢　　D. 一氧化碳

6. 根据《危险化学品从业单位安全标准化通用规范》（AQ 3013—2008），企业应该保证设备设施运行可靠、完整，此处"设备设施"包括（　　）以及各类动设备等。

   A. 压力容器和压力管道，包括管件和阀门

   B. 泄压和排空系统

   C. 紧急停车系统

   D. 监控、报警系统

   E. 联锁系统

7. 根据《爆炸危险环境电力装置设计规范》（GB 50058—2014），对爆炸性

气体环境进行分区的依据是（　　）。

　　A. 释放源级别　　　　　　　B. 通风条件

　　C. 空气的温度　　　　　　　D. 空气的湿度

　　E. 环境的噪声振源

## 三、判断题

1. 根据《危险化学品从业单位安全标准化通用规范》（AQ 3013—2008），生产企业应设立 24 h 化学品应急咨询服务固定电话，有专业人员值班并负责相关应急咨询。没有条件设立应急咨询服务电话的，应委托危险化学品专业应急机构作为应急咨询服务代理。（　　）

2. 新建大型和危险程度高的化工装置，必须在设计阶段进行仪表系统安全完整性等级评估，选用安全可靠的仪表、联锁控制系统，配备必要的有毒有害、可燃气体泄漏检测报警系统和火灾报警系统，提高装置的安全可靠性。（　　）

3. 根据《危险化学品重大危险源罐区现场安全监控装备设置规范》（AQ 3036—2010），压力报警高限至少设置两级，第一级报警阈值为正常工作压力的上限，第二级为容器设计压力的 80%，并应低于安全阀设定值。（　　）

4. 封闭式地面火炬应采取有效的消烟措施，封闭式地面火炬的设置可以按燃烧情况视为非明火设备或明火设备考虑。（　　）

5. 在检测苯环境的区域内，需要设置检测苯的有毒气体探测器。（　　）

6. 防爆电气设备的防爆标志是 IP。（　　）

7. 可燃物质在没有明火、电火花等着火源的作用下，在空气或氧气中靠自热或外热而发生的燃烧现象称为自燃。（　　）

8. 因气体或蒸气迅速膨胀，压力急剧升高且超过储存容器所能承受的极限压力而造成容器爆裂，如锅炉汽包发生的爆炸属于化学爆炸。（　　）

9. 四氯化碳属于易燃物。（　　）

# 参考答案及解析

## 一、单项选择题

1. B

【解析】根据《石油化工可燃气体和有毒气体检测报警设计标准》（GB/T 50493—2019）第 5.5.2 条规定，可燃气体的一级报警设定值应小于或等于 25% LEL，二级报警设定值应小于或等于 50%LEL。

2. D

【解析】根据《石油化工企业设计防火标准（2018 年版）》（GB 50160—2008）第 2.0.19 条规定，液化烃是指在 15 ℃时，蒸气压高于 0.1 MPa 的烃类液体及其他类似的液体。

3. B

【解析】根据《石油化工企业设计防火标准（2018 年版）》（GB 50160—2008）第 2.0.33 规定，火炬系统是指通过燃烧方式处理排放可燃气体的一种设施，分高架火炬、地面火炬等，由排放管道、分液设备、阻火设备、火炬燃烧器、点火系统、火炬筒及其他部件等组成。

4. C

【解析】根据《石油化工企业设计防火标准（2018 年版）》（GB 50160—2008）第 3.0.1 条规定，可燃气体与空气混合物的爆炸下限<10%（体积分数）为甲类气体，≥10%（体积分数）为乙类气体。

5. C

【解析】根据《石油化工企业设计防火标准（2018 年版）》（GB 50160—2008）第 5.5.3 条规定，下列的工艺设备不宜设安全阀：

（1）加热炉炉管；

（2）在同一压力系统中，压力来源处已有安全阀，则其余设备可不设安全阀；

(3) 对扫线蒸汽不宜作为压力来源。

6. B

【解析】略。

7. C

【解析】泡沫灭火器采用的泡沫含水，可导电，故不能用于扑救电气火灾。

8. C

【解析】略。

9. B

【解析】根据应急救援任务的重要性顺序，抢救中毒人员并进行人员疏散后，应堵塞或消除液氨泄漏点，减少或消除现场的危险环境。

10. B

【解析】在火灾初期有阴燃阶段，不会产生清晰图像，感光式和图像式火灾探测器均不能及时发现火情，感温式火灾探测器同时存在检测不敏感的问题，故常用感烟火灾探测器。

11. D

【解析】呼吸阀是指既保证储罐空间在一定压力范围内与大气隔绝，又能在超过或低于此压力范围时与大气相通（呼吸）的一种阀门。其作用是防止储罐因超压或真空导致破坏，同时可减少储存液体的蒸发损失。

## 二、多项选择题

1. AC

【解析】根据《石油化工企业设计防火标准（2018年版）》（GB 50160—2008）和《氯气安全规程》（GB 11984—2008）规定，氨、氯的安全阀排放气应经处理后放空。

2. ABC

【解析】根据《爆炸危险环境电力装置设计规范》（GB 50058—2014）第5.2条规定：Ⅰ类电气设备用于煤矿瓦斯气体环境，Ⅱ类电气设备用于除煤矿甲烷气体之外的其他爆炸性气体环境，Ⅲ类电气设备用于除煤矿以外的爆炸性粉尘环境。Ⅱ类防爆电气不可以用于Ⅲ类防爆场所，二者认证时依据的国家标准不同，所做试验不同，所以不能混用。煤矿瓦斯气体环境较为复杂，多采用专用于含有甲烷等混合物的爆炸性环境的Ⅰ类电气设备。

3. ACD

【解析】通过工艺控制消除静电的措施包括材料选择、工艺设计、设备结构及操作管理等，增加氧化剂含量不能消除静电。

4. AD

【解析】存在有导电性粉尘或产生易燃易爆气体的危险作业场所属于爆炸危险环境，在此环境下必须使用密闭式或防爆型的动力配电柜，以防止产生电气火花引燃泄漏的易燃易爆气体或粉尘。

5. ABCD

【解析】氯气、硫化氢、氟化氢、一氧化碳均可在相应浓度下致人死亡，均属于有毒气体。

6. ABCDE

【解析】根据《危险化学品从业单位安全标准化通用规范》（AQ 3013—2008）第5.5.4.2条规定，企业应保证下列设备设施运行安全可靠、完整：

（1）压力容器和压力管道，包括管件和阀门；

（2）泄压和排空系统；

（3）紧急停车系统；

（4）监控、报警系统；

（5）联锁系统；

（6）各类动设备，包括备用设备等。

7. AB

【解析】根据《爆炸危险环境电力装置设计规范》（GB 50058—2014）第3.2.5条规定，爆炸危险区域的划分应按释放源级别和通风条件确定，存在连续级释放源的区域可划分为0区，存在一级释放源的区域可划分为1区，存在二级释放源的区域可划分为2区，并应根据通风条件调整区域划分。

## 三、判断题

1. 正确

【解析】略。

2. 正确

【解析】略。

3. 正确

【解析】分两级报警主要是为防止人员未及时关注报警，提高报警的识别率；低于安全阀的设定值，目的是先进行人为干预，尽量减少或避免安全阀起跳。

4. 错误

【解析】根据《石油化工企业设计防火标准（2018年版）》（GB 50160—2008）第5.5.22条规定，封闭式地面火炬的设置按明火设备考虑。

5. 正确

【解析】根据《石油化工可燃气体和有毒气体检测报警设计标准》（GB/T 50493—2019）第3.0.1条规定，在生产或使用可燃气体及有毒气体的生产设施及储运设施的区域内，泄漏气体中可燃气体浓度可能达到报警设定值时，应设置可燃气体探测器；泄漏气体中有毒气体浓度可能达到报警设定值时，应设置有毒气体探测器；既属于可燃气体又属于有毒气体的单组分气体介质，应设有毒气体探测器；可燃气体与有毒气体同时存在的多组分混合气体，泄漏时可燃气体浓度和有毒气体浓度有可能同时达到报警设定值，应分别设置可燃气体探测器和有毒气体探测器。苯属于易燃液体，同时具有较强毒性，根据《石油化工可燃气体和有毒气体检测报警设计标准》（GB/T 50493—2019）附录B的规定，涉及苯的场所应设有毒气体探测器。

6. 错误

【解析】IP为英文"INGRESS PROTECTION"的字头，表明电气设备防尘和防湿气特性等级。防爆电气设备的防爆标志是Ex。

7. 正确

【解析】自燃是指可燃物在空气中没有外来火源的作用，靠自热或外热而发生燃烧的现象。根据热源的不同，物质自燃分为自热自燃和受热自燃两种。

8. 错误

【解析】按照产生的原因和性质，可将爆炸分为物理爆炸、化学爆炸和核爆炸，化学爆炸是指由化学变化引起的爆炸。化学爆炸的能量主要来自化学反应能，**物理爆炸是由物理变化（温度、体积和压力等因素）引起的，在爆炸的前后，爆炸物质的性质及化学成分均不改变。锅炉的爆炸是典型的物理爆炸**。

9. 错误

【解析】四氯化碳为不燃物，可用作灭火剂。

# 第三节 设备、电气仪表基础知识及管理要求

## 习 题

### 一、单项选择题

1. 根据《国家安全监管总局关于加强化工安全仪表系统管理的指导意见》（安监总管三〔2014〕116号），企业应对涉及"两重点一重大"的需要配置安全仪表系统的化工装置开展（ ）。

　　A. 风险辨识　　　　　　B. 风险评估
　　C. 安全评估　　　　　　D. 安全仪表功能评估

2. 根据《中华人民共和国特种设备安全法》，特种设备使用单位应当按照安全技术规范的要求，在检验合格有效期届满前（ ）向特种设备检验机构提出定期检验要求。

　　A. 15日　　B. 20日　　C. 1个月　　D. 45日

3. 根据《危险化学品重大危险源监督管理暂行规定》（国家安全生产监督管理总局令第40号），危险化学品重大危险源配备的温度、压力、液位、流量、组分等信息应不间断采集和监测系统以及可燃气体和有毒有害气体泄漏检测报警装

置，并具备信息远传、连续记录、事故预警、信息存储等功能；一级或者二级重大危险源，具备紧急停车功能。记录的电子数据的保存时间不少于（　　）天。

A. 30　　　　　B. 45　　　　　C. 60　　　　　D. 120

4. 根据《国家安全监管总局关于加强化工过程安全管理的指导意见》（安监总管三〔2013〕88号），企业要在风险分析的基础上，确定（　　）及其相应的功能安全要求或安全完整性等级（SIL）。

A. 安全仪表功能（SIF）　　　B. 自控系统

C. 自控联锁　　　　　　　　　D. 控制系统

5. 根据《中华人民共和国特种设备安全法》，锅炉使用单位应当按照安全技术规范的要求进行锅炉水（介）质处理，并接受（　　）的定期检验。

A. 应急管理部门　　　　　　　B. 特种设备检验机构

C. 当地政府　　　　　　　　　D. 第三方机构

6. 根据《中华人民共和国特种设备安全法》，特种设备使用单位应当使用取得（　　）并经检验合格的特种设备。

A. 许可生产　　　　　　　　　B. 市场认可

C. 主管部门同意　　　　　　　D. 行业认证

7. 根据《中华人民共和国特种设备安全法》，国家鼓励投保特种设备（　　）。

A. 人员责任保险　　　　　　　B. 社会保险

C. 财产保险　　　　　　　　　D. 安全责任保险

8. 根据《中华人民共和国特种设备安全法》，特种设备出现故障或者发生异常情况，特种设备使用单位应当对其进行（　　），消除事故隐患，方可继续使用。

A. 全面检查　　　　　　　　　B. 专项检查

C. 专业检查　　　　　　　　　D. 内外部检查

9. 根据《危险化学品企业安全风险隐患排查治理导则》（应急〔2019〕78号），可燃、有毒气体检测报警器按规定周期进行检定或校准，周期一般不超过（　　）年。

A. 1　　　　　B. 2　　　　　C. 3　　　　　D. 6

10. 化工设备材料的刚度是指（　　）。

　　A. 在载荷作用下，材料抵抗永久变形和断裂的能力

　　B. 在载荷作用下，设备保持原有形状的能力

　　C. 在载荷作用下，设备保持变形的能力

　　D. 在载荷作用下，材料抵抗暂时性变形的能力

11. 不锈钢材料耐腐蚀的主要原因是金属材料中含有（　　）。

　　A. 碳　　　　B. 氧　　　　C. 铬　　　　D. 镍

12. 根据《压力管道安全技术监察规程》（TSG D0001—2009），工业管道共分为（　　）个等级。

　　A. 1　　　　　B. 2　　　　　C. 3　　　　　D. 4

13. 化工企业工业用电一般为（　　）。

　　A. 直流电　　B. 交流电　　C. 临时电　　D. 平稳电

14. 安全标志牌至少每（　　）检查一次，如发现有破损、变形、褪色等不符合要求时应及时修整或更换。

　　A. 半年　　　B. 1年　　　C. 3个月　　　D. 1个月

15. 某特种设备检修单位检修一台中型塔吊，根据此次设备检修作业的危险、有害因素辨识结果，除采取清理作业现场、防火、防高空坠落等措施外，还应（　　）。

　　A. 准备可靠适用的通信工具

　　B. 定期对检修作业人员进行健康体检

　　C. 向发包方缴纳风险抵押金

　　D. 向发包方提供安全标准化等级证书

16. 预防性维修是指对工艺设备进行有计划的测试和检验，及早识别设备存在的缺陷，并及时进行修复或替换，以防止小缺陷和故障演变成灾难性的物料泄漏，酿成严重的过程安全事故。下列选项中不属于预防性维修的是（　　）。

　　A. 压力容器和储罐定期检验

　　B. 定期清理阻火器

C. 更换泄漏的机械密封

D. 测试消防水系统

17. 设备上"Ex"代表（　　）。

　　A. 防爆标志　　B. 防尘标志　　C. 静音标志　　D. 温度标志

18. 根据《危险化学品重大危险源监督管理暂行规定》（国家安全生产监督管理总局令第40号），涉及毒性气体、液化气体、剧毒液体的一级或者二级重大危险源，配备（　　）。

　　A. 集散控制系统（DCS）

　　B. 紧急停车系统（ESD）

　　C. 可编程逻辑控制器（PLC）

　　D. 独立的安全仪表系统（SIS）

19. 特种设备使用单位应当在特种设备投入使用前或者投入使用后（　　）日内，向负责特种设备安全监督管理的部门办理使用登记，取得使用登记证书。

　　A. 10　　　　B. 15　　　　C. 30　　　　D. 90

## 二、多项选择题

1. 根据《国家安全监管总局关于加强化工过程安全管理的指导意见》（安监总管三〔2013〕88号），企业要对所有设备进行编号，建立（　　）和备品配件管理制度，编制设备操作和维护规程。

　　A. 设备台账　　B. 记录　　C. 技术档案　　D. 信息

2. 根据《企业安全生产标准化基本规范》（GB/T 33000—2016），企业对重点设备设施检修项目应编制检维修方案，方案内容应包含（　　）。

　　A. 作业安全分析　　　　　B. 控制措施

　　C. 应急处置措施　　　　　D. 安全验收标准

3. 化工安全仪表系统（SIS）包括（　　）等。

　　A. 安全联锁系统

　　B. 紧急停车系统

　　C. 有毒有害、可燃气体检测保护系统

D. 火灾检测保护系统

4. 根据《国家安全监管总局关于加强化工企业泄漏管理的指导意见》（安监总管三〔2014〕94号），在涉及易燃、易爆、有毒介质设备和管线的排放口、采样口等排放部位，应通过加装（　　）等措施，减小泄漏的可能性。

   A. 盲板　　　B. 丝堵　　　C. 管帽　　　D. 双阀

5. 根据《危险化学品从业单位安全标准化通用规范》（AQ 3013—2008），企业应对监视和测量设备进行规范管理，建立监视和测量设备台账，定期进行（　　），并保存相关记录。

   A. 校准　　　B. 维护　　　C. 开机　　　D. 更换

6. 下列属于电化学腐蚀的是（　　）。

   A. 金属在海水中腐蚀　　　　B. 金属表面发生的局部腐蚀
   C. 碳钢在非电解质溶液中的腐蚀　D. 金属热处理

7. 爆破片适用于盛装（　　）的物料。

   A. 黏度高　　　　　　　　B. 腐蚀性强
   C. 容易聚合、结晶　　　　D. 活性强

8. 下列关于静电的表述，正确的是（　　）。

   A. 静电电量不大，但电压很高
   B. 静电能造成人体电击
   C. 静电能造成产品损害
   D. 高压气体喷出不会产生静电

9. 静电引发火灾爆炸事故须同时满足的条件包括（　　）。

   A. 静电产生放电火花
   B. 静电产生的同时有气体泄漏
   C. 静电放电火花间隙中有可燃气体或可燃粉尘与空气形成的混合物，且在爆炸极限范围内
   D. 静电放电量大于或等于爆炸性混合物的最小点火能量

10. 下列关于常用阀门特点的表述，正确的是（　　）。

    A. 闸阀密封性能好，流体阻力小，但端面易磨损、不易修理

B. 止回阀适用于含固体颗粒和黏度大的介质

C. 球阀结构简单，开关迅速、操作方便，适用于低温、高压、黏度大的介质

D. 蝶阀尺寸小、质量轻，可用于较大口径管道

11. 根据《中华人民共和国特种设备安全法》，下列属于特种设备的是（　　）。

  A. 锅炉  B. 压力容器  C. 压力管道  D. 起重机械

  E. 客运索道

12. 根据《固定式压力容器安全技术监察规程》（TSG 21—2016），固定式压力容器定期检验工作的一般程序，包括（　　）、出具检验报告等。

  A. 检验方案制定  B. 检验前的准备

  C. 检验实施  D. 缺陷及问题的处理

  E. 检验结果汇总

13. 固定式压力容器安全阀的日常检查内容至少包括（　　）。

  A. 选型是否正确

  B. 是否在校验有效期内使用

  C. 如果安全阀和排放口之间装设了截止阀，截止阀是否处于全开位置及铅封是否完好

  D. 是否采用了安全阀与爆破片的组合体

  E. 放空管是否通畅，防雨帽是否完好

14. 电流对人体伤害程度的影响因素包括（　　）。

  A. 电流流经人体的强度  B. 电流流经人体的持续时间

  C. 电流通过人体的途径  D. 电流频率

  E. 人体的健康状况

## 三、判断题

1. 根据安全仪表功能失效产生的后果及风险，将安全仪表功能划分为不同的安全完整性等级（SIL1~4，最高为1级）。（　　）

2. 根据《国家安全监管总局关于加强化工过程安全管理的指导意见》（安监总管三〔2013〕88号），企业应建立仪表自动化控制系统安全管理、日常维护保养等制度。（　　）

3. 根据《企业安全生产标准化基本规范》（GB/T 33000—2016），企业设备的报废应办理审批手续，报废的设备拆除前应制定方案。（　　）

4. 石油化工安全仪表系统不必独立于过程控制系统。（　　）

5. 根据《石油化工企业设计防火标准（2018年版）》（GB 50160—2008），离心式可燃气体压缩机和可燃液体泵应在其出口管道上安装止回阀。（　　）

6. 跨步电压触电是指人站在距离高压电线落地点8~10 m以内时，电流沿着人的下身，从脚经腿、胯部又到脚与大地形成通路的触电方式。（　　）

7. 电磁流量计可以测量各种场合的气体、液体。（　　）

# 参考答案及解析

## 一、单项选择题

1. D

【解析】根据《国家安全监管总局关于加强化工安全仪表系统管理的指导意见》（安监总管三〔2014〕116号）第十四条规定，涉及"两重点一重大"在役生产装置或设施的化工企业和危险化学品储存单位，要在全面开展过程危险分析（如危险与可操作性分析）基础上，通过风险分析确定安全仪表功能及其风险降低要求，并尽快评估现有安全仪表功能是否满足风险降低要求。

2. C

【解析】根据《中华人民共和国特种设备安全法》第四十条规定，特种设备使用单位应当按照安全技术规范的要求，在检验合格有效期届满前1个月向特种设备检验机构提出定期检验要求。

3. A

【解析】根据《危险化学品重大危险源监督管理暂行规定》（国家安全生产

监督管理总局令第 40 号）第十三条规定，危险化学品重大危险源配备的温度、压力、液位、流量、组分等信息应不间断采集和监测系统以及可燃气体和有毒有害气体泄漏检测报警装置，并具备信息远传、连续记录、事故预警、信息存储等功能；一级或者二级重大危险源，具备紧急停车功能。记录的电子数据的保存时间不少于 30 天。

4. A

【解析】根据《国家安全监管总局关于加强化工过程安全管理的指导意见》（安监总管三〔2013〕88 号）第十七条规定，企业要在风险分析的基础上，确定安全仪表功能（SIF）及其相应的功能安全要求或安全完整性等级（SIL）。

5. B

【解析】根据《中华人民共和国特种设备安全法》第四十四条规定，锅炉使用单位应当按照安全技术规范的要求进行锅炉水（介）质处理，并接受特种设备检验机构的定期检验。

6. A

【解析】根据《中华人民共和国特种设备安全法》第三十二条规定，特种设备使用单位应当使用取得许可生产并经检验合格的特种设备。

7. D

【解析】根据《中华人民共和国特种设备安全法》第十七条规定，国家鼓励投保特种设备安全责任保险。

8. A

【解析】根据《中华人民共和国特种设备安全法》第四十二条规定，特种设备出现故障或者发生异常情况，特种设备使用单位应当对其进行全面检查，消除事故隐患，方可继续使用。

9. A

【解析】根据《危险化学品企业安全风险隐患排查治理导则》（应急〔2019〕78 号）第（四）条规定，可燃、有毒气体检测报警器按规定周期进行检定或校准，周期一般不超过 1 年。

10. B

【解析】略。

11. C

【解析】不锈钢的耐腐蚀性主要是因为在钢中添加了较高含量的铬元素，铬元素易于氧化，能在钢的表面迅速形成致密的三氧化二铬氧化膜，通过这层氧化膜与腐蚀介质隔离，是不锈钢防护的基本屏障。

12. C

【解析】根据《压力管道安全技术监察规程》（TSG D0001—2009）附件A，工业管道级别共分为GC1、GC2、GC3 3个等级。

13. B

【解析】略。

14. A

【解析】根据《安全标志及其使用导则》（GB 2894—2008）第10.1条规定，安全标志牌至少每半年检查一次，如发现有破损、变形、褪色等不符合要求时应及时修整或更换。

15. A

【解析】在涉及高处或通信不畅的作业环境中，必须配备通信工具。《危险化学品企业特殊作业安全规范》（GB 30871—2022）第8.2.1条规定，高处作业人员应正确佩戴符合要求的安全带及安全绳，30 m以上高处作业应配备通信联络工具。

16. C

【解析】预防检修是指在设备发生故障前，根据"预防为主""防患于未然"的原则，进行有计划的预防性维修。压力容器和储罐定期检验、定期清理阻火器、测试消防水系统均具备预防性维修的特征，而更换泄漏的机械密封则属于故障后维修。

17. A

【解析】Ex是英文Explosion-proof的缩写，表明设备是防爆型的。

18. D

【解析】根据《危险化学品重大危险源监督管理暂行规定》（国家安全生产

监督管理总局令第40号）第十三条规定，涉及毒性气体、液化气体、剧毒液体的一级或者二级重大危险源，配备独立的安全仪表系统（SIS）。

19. C

【解析】根据《中华人民共和国特种设备安全法》第三十三条规定，特种设备使用单位应当在特种设备投入使用前或者投入使用后30日内，向负责特种设备安全监督管理的部门办理使用登记，取得使用登记证书。

## 二、多项选择题

1. AC

【解析】根据《国家安全监管总局关于加强化工过程安全管理的指导意见》（安监总管三〔2013〕88号）第十六条规定，企业要对所有设备进行编号，建立设备台账、技术档案和备品配件管理制度，编制设备操作和维护规程。

2. ABCD

【解析】根据《企业安全生产标准化基本规范》（GB/T 33000—2016）第5.4.1.4条规定，对重点检修项目应编制检维修方案，方案内容应包含作业安全分析、控制措施、应急处置措施及安全验收标准。

3. ABCD

【解析】根据《国家安全监管总局关于加强化工安全仪表系统管理的指导意见》（安监总管三〔2014〕116号）第一条规定，化工安全仪表系统（SIS）包括安全联锁系统、紧急停车系统和有毒有害、可燃气体及火灾检测保护系统等。

4. ABCD

【解析】根据《国家安全监管总局关于加强化工企业泄漏管理的指导意见》（安监总管三〔2014〕94号）第五条规定，在涉及易燃、易爆、有毒介质设备和管线的排放口、采样口等排放部位，应通过加装盲板、丝堵、管帽、双阀等措施，减小泄漏的可能性。

5. AB

【解析】根据《危险化学品从业单位安全标准化通用规范》（AQ 3013—2008）第5.5.2.5条规定，企业应对监视和测量设备进行规范管理，建立监视和测量设备台账，定期进行校准和维护，并保存校准和维护活动的记录。

6. AB

【解析】金属表面发生的局部腐蚀和金属在海水中腐蚀都是因为存在电位差，属于电化学腐蚀。非电解质溶液不导电，不存在电位差。

7. ABC

【解析】略。

8. ABC

【解析】略。

9. ACD

【解析】略。

10. ACD

【解析】B 选项错误，止回阀一般适用于清净介质，不宜用于含固体颗粒和黏度大的介质。

11. ABCDE

【解析】根据《中华人民共和国特种设备安全法》第二条规定，特种设备是指对人身和财产安全有较大危险性的锅炉、压力容器（含气瓶）、压力管道、电梯、起重机械、客运索道、大型游乐设施、场（厂）内专用机动车辆，以及法律、行政法规规定适用该法的其他特种设备。

12. ABCDE

【解析】根据《固定式压力容器安全技术监察规程》（TSG 21—2016）第 8.1.2 条规定，固定式压力容器定期检验工作的一般程序包括检验方案制定、检验前的准备、检验实施、缺陷及问题的处理、检验结果汇总、出具检验报告等。

13. ABCE

【解析】根据《固定式压力容器安全技术监察规程》（TSG 21—2016）第 7.2.3.1.1 条规定，固定式压力容器安全阀检查至少包括以下内容和要求：

（1）选型是否正确；

（2）是否在校验有效期内使用；

（3）杠杆式安全阀的防止重锤自由移动和杠杆越出的装置是否完好，弹簧式

安全阀的调整螺钉的铅封装置是否完好,静重式安全阀的防止重片飞脱的装置是否完好;

(4) 如果安全阀和排放口之间装设了截止阀,截止阀是否处于全开位置及铅封是否完好;

(5) 安全阀是否有泄漏;

(6) 放空管是否通畅,防雨帽是否完好。

14. ABCDE

【解析】略。

### 三、判断题

1. 错误

【解析】安全仪表功能划分为不同的安全完整性等级(SIL1~4,最高为4级)。

2. 正确

【解析】根据《国家安全监管总局关于加强化工过程安全管理的指导意见》(安监总管三〔2013〕88号)第十六条规定,企业应建立仪表自动化控制系统安全管理、日常维护保养等制度。

3. 正确

【解析】略。

4. 错误

【解析】根据《石油化工安全仪表系统设计规范》(GB/T 50770—2013)第5.0.8条规定,安全仪表系统应独立于过程控制系统(如分散控制系统等)。

5. 正确

【解析】略。

6. 正确

【解析】略。

7. 错误

【解析】电磁流量计的工作原理是基于法拉第电磁感应定律,因此不能测量气体、蒸汽和非导电性液体。

# 第四章 事故与应急处置

## 第一节 应急预案及应急演练

## 习 题

### 一、单项选择题

1. 某化工厂的应急预案体系由综合应急预案、专项应急预案、现场应急处置方案组成。下列关于该化工厂事故应急预案的表述,不正确的是（　　）。

    A. 综合应急预案是生产经营单位为应对各种生产安全事故而制定的综合性工作方案

    B. 专项应急预案可以针对重要生产设施、重大危险源而制定

    C. 通过评审的应急预案,由生产经营单位分管安全的副总签发实施

    D. 现场应急处置方案针对具体的场所、装置或设施而制定

2. 应急演练的目的不包括（　　）。

    A. 检验预案　　B. 风险评估　　C. 完善准备　　D. 宣传教育

3. 按演练目的与作用分,应急演练类型不包括（　　）。

    A. 实战演练　　　　　　　　B. 检验性演练

    C. 示范性演练　　　　　　　D. 研究性演练

4. 某火电厂组织液氨泄漏事故专项应急预案演练,设置模拟事故情景如下:当班脱硝运行作业人员刘某在进行定期巡检过程中发现液氨储罐底部阀门处泄漏,并立即进行了报告。经研判,该厂决定启动专项应急预案。下列关于应急演

练内容的表述，属于事故监测的是（　　）。

  A. 刘某立即通知启动消防喷淋和报警装置，同时用防爆对讲机向主控室报告

  B. 应急小组成员在赶赴现场过程中随时观察风向标，从氨罐区上风向靠近

  C. 清理事故现场，对事故废水进行集中处理，防止进入生产、生活用水系统

  D. 对氨罐区及周边环境氨浓度扩散程度进行评估，及时汇报应急指挥部

5. 根据《生产安全事故应急演练基本规范》（AQ/T 9007—2019），下列关于应急演练评估与总结的表述，错误的是（　　）。

  A. 评估组观察演练实施及进展、参演人员表现等情况，及时记录演练过程中出现的问题，不可进行现场提问

  B. 演练结束后，可选派参演人员代表对演练中发现的问题及取得的成效进行现场点评

  C. 评估组对演练准备情况的评估应包含"是否制定演练工作方案、安全及各类保障方案、宣传方案"等内容

  D. 演练书面总结报告由安委会办公室形成，内容包括演练基本概要、演练发现的问题和取得的经验教训、应急管理工作建议

6. 根据《生产安全事故应急预案管理办法》（应急管理部令第2号），下列关于应急预案评估的表述，正确的是（　　）。

  A. 矿山企业应当每年进行一次应急预案评估

  B. 危险物品的生产、经营、储存单位应当每年进行一次应急预案评估

  C. 大型的机械加工企业应当每3年进行一次应急预案评估

  D. 应急预案评估应当委托安全生产技术服务机构实施

7. 某企业为检验应急预案的可行性、应急准备的充分性、应急机制的协调性及相关人员的应急处置能力，组织了一次应急演练，则本次演练应当属于（　　）。

  A. 综合演练　　　　　　　　B. 实战演练

C. 检验性演练　　　　　　D. 研究性演练

8. 根据《生产安全事故应急条例》，甲市乙县人民政府负有安全生产监督管理职责的部门制定的生产安全事故应急救援预案应当报送（　　）。

A. 甲市应急管理部门备案　　B. 乙县人民政府审批

C. 乙县人民政府备案　　　　D. 甲市应急管理部门审批

9. 某石油化工生产企业为有效提升应急处置能力，计划开展如下应急管理工作：①每年组织一次专项应急预案演练，半年一次现场处置方案演练；②企业应急预案每3年进行一次预案评估；③某车间人员中毒专项应急预案修订完成后，在公布之日起60日之内向有关部门备案；④发生事故时，现场人员有权采取撤离危险区域的措施。上述计划开展的应急管理工作中，不符合要求的是（　　）。

A. ①　　　　B. ③　　　　C. ②　　　　D. ④

10. 某化工厂成立了以厂长为组长，生产副厂长、安全科、生产科和销售科等相关人员组成的生产安全事故应急预案编制小组。半年后，应急预案编制完成，厂长召集内部相关部门对预案进行了评审，之后该厂又聘请行业专家进行了外部评审。一个月后组织全厂员工进行应急演练，并聘请外部专家进行评估。演练结束后，外部专家对演练进行了点评，并在2天后递交了书面评估报告。下列关于应急预案演练改进的表述，正确的是（　　）。

A. 由本次评估的外部专家为修订小组组长，根据评估报告提出的意见修订和完善应急预案

B. 重新成立编制小组，根据评估报告意见，重新编制应急预案，重新组织应急演练

C. 由原应急预案编制小组根据演练评估报告意见修订和完善应急预案，并进行内外部评审

D. 由原应急预案编制小组根据演练评估报告意见修订和完善应急预案，重新组织应急演练

11. 县级以上地方各级人民政府在各类生产安全事故应急救援工作中处于组织指挥的核心地位。根据《中华人民共和国安全生产法》《生产安全事故应急条

例》,下列关于县级以上地方各级人民政府应急工作职责的表述,错误的是(    )。

    A. 组织有关部门制定本行政区域内生产安全事故应急救援预案

    B. 组织有关部门建立本行政区域内生产安全事故应急救援体系

    C. 在重点行业、领域必须单独建立生产安全事故应急救援队伍

    D. 对制定的生产安全事故应急救援预案应当定期组织演练

12. 现场处置方案是生产经营单位根据不同事故类型,针对具体的场所、装置或设施所制定的应急处置措施,主要包括事故风险描述、应急工作职责、应急处置和注意事项等内容。其中,应急处置中一般不包括(    )。

    A. 应急处置程序

    B. 现场应急处置措施

    C. 现场自救和互救方法

    D. 明确报警负责人以及报警电话及上级管理部门、相关应急救援单位联络方式和联系人员,事故报告基本要求和内容

13. 从业人员发现直接危及人身安全的紧急情况时,应(    )。

    A. 继续作业

    B. 停止作业,采取可能的应急措施后撤离危险现场

    C. 向上级汇报,等待上级命令

    D. 停止作业,观察、等待

14. 某企业事故应急救援现场要求所有应急救援人员均应遵从应急指挥部的命令,都必须在应急指挥部的统一组织协调下行动。这属于应急体系的(    )。

    A. 组织体系              B. 运行机制

    C. 法律法规体系        D. 支持保障体系

15. 应急管理是一个动态的过程,包括预防、准备、响应和恢复4个阶段。下列安全措施中,不属于预防阶段内容的是(    )。

    A. 加大建筑物的安全距离    B. 减少危险物品的存量

    C. 设置防护墙           D. 应急通信保障

16. 突发事件的威胁和危害得到控制或者消除后采取处置工作,属于应急管

理的（　　）阶段。

　　A. 恢复　　　B. 准备　　　C. 响应　　　D. 预防

17. 根据《生产安全事故应急条例》，生产经营单位应当针对本单位可能发生的生产安全事故的特点和危害，进行（　　），制定相应的生产安全事故应急救援预案，并向本单位从业人员公布。

　　A. 事故模拟演练　　　　B. 风险辨识和评估

　　C. 分析和消除　　　　　D. 准确计算和控制

18. 应急管理是一个动态管理过程，按照顺序依次由（　　）4个阶段组成。

　　A. 准备、预防、响应和恢复　　B. 准备、预防、恢复和响应

　　C. 准备、响应、预防和恢复　　D. 预防、准备、响应和恢复

19. 生产经营单位发生事故后，可能影响到周边地区时，应及时启动警报系统，告知公众有关疏散时间、路线、交通工具及目的地等信息，该工作属于应急响应过程中的（　　）。

　　A. 警报和紧急公告　　　B. 指挥与控制

　　C. 公共关系处理　　　　D. 接警与通知

20. 预防控制危险化学品事故的主要措施是替代、变更工艺、隔离、通风、个体防护和保持卫生等。下列关于危险化学品中毒、污染事故预防控制措施的表述，错误的是（　　）。

　　A. 个体防护应作为预防中毒、控制污染等危害的主要手段

　　B. 生产中可以通过变更工艺消除或者降低危险化学品的危害

　　C. 隔离是通过封闭、设置屏障等措施，避免作业人员直接暴露于有害环境中

　　D. 通风是控制作业场所中有害气体、蒸气或者粉尘浓度的最有效的措施之一

21. 防止火灾、爆炸事故发生的基本原则主要有：防止燃烧、爆炸系统的形成，消除点火源，限制火灾、爆炸蔓延扩散。下列预防火灾爆炸事故的措施中，属于防止燃烧、爆炸系统形成的措施是（　　）。

　　A. 控制明火和高温表面　　　B. 安装防爆泄压装置

C. 惰性气体保护　　　　　　D. 安装阻火装置

## 二、多项选择题

1. 应急预案的编制应当遵循以人为本、（　　）的原则。
   A. 依法依规　　B. 属地为主　　C. 符合实际　　D. 注重实效

2. 应急演练总结报告的内容包括（　　）。
   A. 演练基本概要
   B. 演练发现的问题与原因、经验和教训
   C. 应急管理工作建议
   D. 演练人员介绍

3. 应急预案编制工作组应收集的相关资料包括（　　）。
   A. 适用的法律法规、部门规章、地方性法规和政府规章、技术标准及规范性文件
   B. 企业周边地质、地形、环境情况及气象、水文、交通资料
   C. 企业现场功能区划分、建（构）筑物平面布置及安全距离资料
   D. 企业工艺流程、工艺参数、作业条件、设备装置及风险评估资料

4. 应急预案评审程序包括（　　）。
   A. 评审准备　　B. 组织评审　　C. 修改完善　　D. 批准实施

5. 甲防腐公司5人在乙企业廊道内进行防腐作业，其中1人监护，4人作业。作业2h后，监护人去洗手间，回来后发现4人在廊道内晕倒。事故发生后，乙企业检修部门负责人汇报公司主要领导，启动专项应急预案，拨打了110电话，并组织将伤者送入医院抢救。为切实保障救援者的身心健康，乙企业将参与救援的20多名职工送到当地医院，留观正常。由于该事故涉及送医人员较多，未及时报告当地政府有关部门，造成一定的社会恐慌。根据《生产经营单位生产安全事故应急预案编制导则》（GB/T 29639—2020），该专项应急预案应完善的内容包括（　　）。
   A. 乙企业主要领导负责启动专项应急预案
   B. 应急响应启动后须信息公开，避免造成恐慌

C. 处置措施环节应增加向当地政府部门即时报送信息的要求

D. 处置措施环节应明确由专人拨打110电话

6. 桌面演练是一种圆桌讨论或演习活动，其目的是使各级应急部门、组织和个人在较轻松的环境下，明确和熟悉应急预案中所规定的职责和程序，提高协调配合及解决问题的能力。下列选项中属于桌面演练的有（　　）。

A. 图上演练　　　　　　　　B. 实战演练

C. 沙盘演练　　　　　　　　D. 计算机模拟演练

7. 根据《生产安全事故应急预案管理办法》（应急管理部令第 2 号），生产经营单位在编制应急救援预案前应当进行事故风险辨识、评估和应急资源调查，其中事故风险辨识、评估包括（　　）。

A. 识别存在的危险危害因素

B. 分析事故可能产生的直接后果以及次生、衍生后果

C. 评估各种事故后果的危害程度

D. 评估各种事故后果的影响范围

E. 全面调查本单位第一时间可以调用的应急资源状况

8. 火灾爆炸事故不仅能造成设备损毁、建筑物破坏，甚至会致人死亡。下列措施中，属于防止爆炸措施的是（　　）。

A. 控制混合气体中的可燃物含量处在爆炸极限以外

B. 设计足够的泄爆面积

C. 使用惰性气体取代空气

D. 密闭和正压操作

E. 使氧气浓度处于极限值以下

9. 某危险化学品生产企业，主要的事故风险为中毒、火灾和爆炸。在应急管理中，针对突发事件采取了以下应对行动和措施：①编制危险化学品应急预案；②开展公众教育；③安置事故中的获救人员；④采取防止中毒后发生次生、衍生事故的措施。根据《中华人民共和国突发事件应对法》，下列关于应急管理4个阶段的表述，正确的是（　　）。

A. ①属于准备阶段　　　　　B. ②属于预防阶段

C.③属于响应阶段　　　　　　D.④属于恢复阶段

10. 《生产安全事故应急条例》规定，下列（　　）单位应当建立应急值班制度，配备应急值班人员。

A. 各生产车间

B. 危险物品的生产、经营、储存、运输单位以及矿山、金属冶炼、城市轨道交通运营、建筑施工单位

C. 应急救援队伍

D. 县级以上人民政府及其负有安全生产监督管理职责的部门

11. 某危险化学品生产企业在事故发生前后共做了以下工作：①加大了罐区的防火距离；②建立了专职消防救援队；③配备了专门的应急救援物资；④事故发生后第一时间向相关管理部门报告，同时尽最大可能救出事故受伤人员；⑤为在事故中受伤的相关人员提供饮食、住宿、医疗等基本保障。下列关于采取措施的表述，正确的是（　　）。

A.①属于准备阶段　　　　　　B.②属于准备阶段

C.③属于预防阶段　　　　　　D.④属于响应阶段

E.⑤属于响应阶段

12. 根据《危险化学品安全管理条例》，危险化学品单位应当（　　）。

A. 组建专业消防队伍

B. 制定本单位危险化学品事故应急预案

C. 配备应急救援人员

D. 每两年组织一次大型应急演练

E. 定期组织应急救援演练

13. 危险化学品单位应急救援物资的使用人员，应接受相应的培训，熟悉装备的（　　），并遵守操作规程。

A. 用途　　　　　　　　　　　B. 技术性能

C. 有关使用说明资料　　　　　D. 生产厂家

14. 根据《危险化学品单位应急救援物资配备要求》（GB 30077—2013），危险化学品单位应建立应急救援物资的有关制度和记录，包括（　　）。

A. 物资清单　　　　　　　　B. 资料管理制度

C. 物资使用管理制度　　　　D. 物资租用制度

15. 根据《生产安全事故应急条例》，应急救援队伍的应急救援人员应当具备必要的（　　）。

A. 专业知识　　B. 技能　　C. 心理素质　　D. 身体素质

16. 危险化学品泄漏应急处置基本程序包括（　　）。

A. 报警　　　　　　　　　　B. 隔离事故现场，建立警戒区

C. 人员疏散　　　　　　　　D. 现场控制

### 三、判断题

1. 根据《生产安全事故应急预案管理办法》（应急管理部令第2号），应急资源调查是指全面调查本地区、本单位第一时间可以调用的应急资源状况和合作区域内可以请求援助的应急资源状况，并结合事故风险辨识评估结论制定应急措施的过程。（　　）

2. 生产经营单位风险种类多、可能发生多种类型事故的，应当组织编制专项应急预案。（　　）

3. 根据《生产安全事故应急演练评估规范》（AQ/T 9009—2015），预警与信息报告不属于实战演练实施情况评估的内容。（　　）

4. 现场处置方案应当包含应急响应时的注意事项。（　　）

5. 制定应急救援预案所依据的法律、法规、规章、标准发生重大变化时，生产安全事故应急救援预案制定单位应当及时修订相关预案。（　　）

6. 生产经营单位为应对某一种或者多种类型生产安全事故应制定综合应急预案。（　　）

7. 根据《生产安全事故应急演练基本规范》（AQ/T 9007—2019），应急演练保障方案应包括应急演练可能发生的意外情况、应急处置措施及责任部门、应急演练意外情况中止条件与程序。（　　）

8. 地方各级人民政府应急管理部门的应急预案，应当报上一级人民政府备案，同时抄送上一级人民政府应急管理部门，不必向社会公布。（　　）

9. 生产经营单位申报应急预案备案，应当提交风险评估结果和应急资源调查清单。（　　）

10. 生产企业应设立化学品应急咨询服务固定电话，有专业人员值班并负责相关应急咨询。没有条件设立应急咨询服务电话的，应委托具有化学品事故应急咨询服务能力的专业机构为企业提供 24 h 应急咨询服务。（　　）

11.《国家突发公共事件总体应急预案》中，应急管理工作原则为：以人为本，减少危害；居安思危，预防为主；统一领导，分级负责；依法规范，加强管理；快速反应，协同应对；依靠科技，提高素质。（　　）

12. 企业消防站应合理布局，应布置在生产、储存区全年最小频率风向的上风侧。（　　）

13. 依据事故危害程度、影响范围和生产经营单位控制事态的能力，对事故应急响应进行分级，明确分级响应的基本原则。响应分级应参照事故分级。（　　）

14. 根据《生产安全事故应急条例》，生产经营单位应当对从业人员进行应急教育和培训，保证从业人员具备必要的应急知识，掌握风险防范技能和事故应急措施。（　　）

15. 应急救援队伍根据救援命令参加生产安全事故应急救援所耗费用，由事故责任单位承担；事故责任单位无力承担的，由应急救援队伍承担。（　　）

16. 化工企业操作人员接到泄漏报警信号后，要立即通过工艺条件和控制仪表变化判别泄漏情况，评估泄漏程度，并根据泄漏级别启动相应的应急处置预案。操作人员和管理人员要对报警及处理情况做好记录，并定期对所发生的各种报警和处理情况进行分析。（　　）

## 参考答案及解析

### 一、单项选择题

1. C

【解析】根据《生产经营单位生产安全事故应急预案编制导则》（GB/T 29639—2020）第4.9条规定，通过评审的应急预案，由生产经营单位主要负责人签发实施。

2. B

【解析】根据《生产安全事故应急演练基本规范》（AQ/T 9007—2019）第4.1条规定，应急演练的目的包括检验预案、完善准备、磨合机制、宣传教育、锻炼队伍。

3. A

【解析】根据《生产安全事故应急演练基本规范》（AQ/T 9007—2019）第4.2条规定，应急演练按照目的与作用分为检验性演练、示范性演练和研究性演练，不同类型的演练可相互组合。

4. D

【解析】A选项属于预警与报告，B选项属于现场处置，C选项属于后期处置。

5. A

【解析】根据《生产安全事故应急演练基本规范》（AQ/T 9007—2019）第6.1条规定，评估组负责对演练准备、组织与实施进行全过程、全方位的跟踪评估；演练结束后，及时向演练单位或演练领导小组及其他相关专业组提出评估意见、建议，并撰写演练评估报告。

6. C

【解析】根据《生产安全事故应急预案管理办法》（应急管理部令第2号）第三十五条规定，矿山、金属冶炼、建筑施工企业和易燃易爆物品、危险化学品等危险物品的生产、经营、储存、运输企业，使用危险化学品达到国家规定数量的化工企业，烟花爆竹生产、批发经营企业和中型规模以上的其他生产经营单位，应当每3年进行一次应急预案评估。应急预案评估可以邀请相关专业机构或者有关专家、有实际应急救援工作经验的人员参加，必要时可以委托安全生产技术服务机构实施。

7. C

【解析】检验性演练是为检验应急预案的可行性、应急准备的充分性、应急机制的协调性及相关人员的应急处置能力而组织的演练。

8. C

【解析】根据《生产安全事故应急条例》第七条规定，县级以上人民政府负有安全生产监督管理职责的部门应当将其制定的生产安全事故应急救援预案报送本级人民政府备案。

9. B

【解析】根据《生产安全事故应急预案管理办法》（应急管理部令第2号）第二十六条规定，易燃易爆物品、危险化学品等危险物品的生产、经营、储存、运输单位，矿山、金属冶炼、城市轨道交通运营、建筑施工单位，以及宾馆、商场、娱乐场所、旅游景区等人员密集场所经营单位，应当在应急预案公布之日起20个工作日内，按照分级属地原则，向县级以上人民政府应急管理部门和其他负有安全生产监督管理职责的部门进行备案，并依法向社会公布。第三十三条规定，生产经营单位应当制订本单位的应急预案演练计划，根据本单位的事故风险特点，每年至少组织一次综合应急预案演练或者专项应急预案演练，每半年至少组织一次现场处置方案演练。第三十五条规定，矿山、金属冶炼、建筑施工企业和易燃易爆物品、危险化学品等危险物品的生产、经营、储存、运输企业，使用危险化学品达到国家规定数量的化工企业，烟花爆竹生产、批发经营企业和中型规模以上的其他生产经营单位，应当每3年进行一次应急预案评估。

根据《中华人民共和国安全生产法》第五十五条规定，从业人员发现直接危及人身安全的紧急情况时，有权停止作业或者在采取可能的应急措施后撤离作业场所。

10. C

【解析】应由应急预案编制部门根据演练评估报告中对应急预案的改进建议，按程序对预案进行修订完善。

11. C

【解析】根据《生产安全事故应急条例》第九条规定，县级以上人民政府负有安全生产监督管理职责的部门根据生产安全事故应急工作的实际需要，在重点行业、领域单独建立或者依托有条件的生产经营单位、社会组织共同建立应急救援队伍。

12．C

【解析】根据《生产经营单位生产安全事故应急预案编制导则》（GB/T 29639—2020）第8.3条规定，应急处置包括但不限于下列内容：

（1）应急处置程序。根据可能发生的事故及现场情况，明确事故报警、各项应急措施启动、应急救护人员的引导、事故扩大及同生产经营单位应急预案的衔接程序。

（2）现场应急处置措施。针对可能发生的事故从人员救护、工艺操作、事故控制、消防、现场恢复等方面制定明确的应急处置措施。

（3）明确报警负责人以及报警电话及上级管理部门、相关应急救援单位联络方式和联系人员，事故报告基本要求和内容。

13．B

【解析】根据《中华人民共和国安全生产法》第五十五条规定，从业人员发现直接危及人身安全的紧急情况时，有权停止作业或者在采取可能的应急措施后撤离作业场所。

14．B

【解析】运行机制是事故应急管理体系的重要保障。应急救援活动一般划分为应急准备、初级反应、扩大应急和应急恢复4个阶段，应急运行机制与这4个阶段的应急活动密切相关。应急运行机制主要由统一指挥（基本原则）、分级响应、属地为主（强调"第一反应"的思想和以现场应急、现场指挥为主的原则）和公众动员（应急机制的基础，也是整个应急体系的基础）4个基本机制组成。

15．D

【解析】预防有两层含义：第一，通过安全管理和安全技术等手段，尽可能地防止事故的发生，实现本质安全；第二，在假定事故必然发生的前提下，通过预先采取的预防措施，达到降低或减缓事故的影响或后果的严重程度。

16．A

【解析】恢复是指突发事件的威胁和危害得到控制或者消除后所采取的处置

工作。恢复工作包括短期恢复和长期恢复。

17. B

【解析】根据《生产安全事故应急条例》第五条规定，生产经营单位应当针对该单位可能发生的生产安全事故的特点和危害，进行风险辨识和评估，制定相应的生产安全事故应急救援预案，并向该单位从业人员公布。

18. D

【解析】应急管理的4个组成阶段依次是预防、准备、响应和恢复。

19. A

【解析】警报和紧急公告是指当事故可能影响到周边地区，对周边地区的公众可能造成威胁时，应及时启动警报系统，向公众发出警报。决定实施疏散时应通过紧急公告确保公众了解疏散的有关信息，如疏散时间、路线、随身携带物、交通工具及目的地等。

20. A

【解析】个体防护用品不能降低作业场所中有害化学品的浓度，它仅仅是一道阻止有害物进入人体的屏障。防护用品本身的失效就意味着保护屏障的消失，因此个体防护不能被视为控制危害的主要手段，而只能作为一种辅助性措施。

21. C

【解析】防止燃烧、爆炸系统形成的措施有：替代、密闭、惰性气体保护、通风置换、安全监测及联锁。控制明火和高温表面属于清除点火源。安装防爆泄压装置、阻火装置属于限制火灾、爆炸蔓延扩散的措施。

## 二、多项选择题

1. ACD

【解析】根据《生产安全事故应急预案管理办法》（应急管理部令第2号）第七条规定，应急预案的编制应当遵循以人为本、依法依规、符合实际、注重实效的原则，以应急处置为核心，明确应急职责、规范应急程序、细化保障措施。

2. ABC

【解析】根据《生产安全事故应急演练基本规范》（AQ/T 9007—2019）第

8.2.1 条规定，应急演练总结报告的主要内容包括演练基本概要，演练发现的问题与原因、经验和教训，应急管理工作建议。

3. ABCD

【解析】根据《生产经营单位生产安全事故应急预案编制导则》（GB/T 29639—2020）第 4.3 条规定，应急预案编制工作组应收集下列相关资料：

（1）适用的法律法规、部门规章、地方性法规和政府规章、技术标准及规范性文件；

（2）企业周边地质、地形、环境情况及气象、水文、交通资料；

（3）企业现场功能区划分、建（构）筑物平面布置及安全距离资料；

（4）企业工艺流程、工艺参数、作业条件、设备装置及风险评估资料；

（5）本企业历史事故与隐患、国内外同行业事故资料；

（6）属地政府及周边企业、单位应急预案。

4. ABC

【解析】根据《生产经营单位生产安全事故应急预案编制导则》（GB/T 29639—2020）第 4.8.3 条规定，应急预案评审程序包括下列步骤：评审准备、组织评审、修改完善。

5. BC

【解析】略。

6. ACD

【解析】桌面演练的情景和问题通常以口头或书面叙述的方式呈现，也可以使用地图、沙盘、计算机模拟、视频会议等辅助手段，有时被分别称为图上演练、沙盘演练、计算机模拟演练、视频会议演练等。

7. ABCD

【解析】根据《生产安全事故应急预案管理办法》（应急管理部令第 2 号）第十条规定，编制应急预案前，编制单位应当进行事故风险辨识、评估和应急资源调查。其中，事故风险辨识、评估是指针对不同事故种类及特点，识别存在的危险危害因素，分析事故可能产生的直接后果以及次生、衍生后果，评估各种后果的危害程度和影响范围，提出防范和控制事故风险措施的过程。应急资源调查是指全面调查本地区、本单位第一时间可以调用的应急资源状况和合作区域内可以请求援助的应急资源状况，并结合事故风险评估结论制定应急措施的过程。

8. ACDE

【解析】B 选项属于减轻爆炸事故后果的措施。

9. AB

【解析】编制危险化学品应急预案属于准备阶段；开展公众教育属于预防阶段；安置事故中的获救人员属于恢复阶段；采取防止中毒后发生次生、衍生事故的措施属于响应阶段。

10. BCD

【解析】根据《生产安全事故应急条例》第十四条规定，下列单位应当建立应急值班制度，配备应急值班人员：

（1）县级以上人民政府及其负有安全生产监督管理职责的部门；

（2）危险物品的生产、经营、储存、运输单位以及矿山、金属冶炼、城市轨道交通运营、建筑施工单位；

（3）应急救援队伍。

11. BD

【解析】略。

12. BCE

【解析】根据《危险化学品安全管理条例》第七十条规定，危险化学品单位应当制定本单位危险化学品事故应急预案，配备应急救援人员和必要的应急救援器材、设备，并定期组织应急救援演练。危险化学品单位应当将其危险化学品事故应急预案报所在地设区的市级人民政府安全生产监督管理部门备案。

13. ABC

【解析】略。

14. ABCD

【解析】根据《危险化学品单位应急救援物资配备要求》（GB 30077—2013）第 9.1 条规定，危险化学品单位应建立应急救援物资的有关制度和记录：物资清单，物资使用管理制度，物资测试检修制度，物资租用制度，资料管理制度，物资调用和使用记录，物资检查维护、报废及更新记录。

15. ABCD

【解析】略。

16. ABCD

【解析】略。

### 三、判断题

1. 正确

【解析】略。

2. 错误

【解析】根据《生产安全事故应急预案管理办法》（应急管理部令第 2 号）第十三条规定，生产经营单位风险种类多、可能发生多种类型事故的，应当组织编制综合应急预案。

3. 错误

【解析】根据《生产安全事故应急演练评估规范》（AQ/T 9009—2015）第 A.2 条规定，实战演练实施情况评估的内容包括预警与信息报告、紧急动员、事故监测与研判、指挥和协调、事故处置、应急资源管理、应急通信、信息公开、人员保护、警戒与管制、医疗救护、现场控制及恢复和其他 13 个方面。

4. 正确

【解析】根据《生产安全事故应急预案管理办法》（应急管理部令第 2 号）第十五条规定，对于危险性较大的场所、装置或者设施，生产经营单位应当编制现场处置方案。现场处置方案应当规定应急工作职责、应急处置措施和注意事项等内容。

5. 正确

【解析】根据《生产安全事故应急条例》第六条规定，有下列情形之一的，生产安全事故应急救援预案制定单位应当及时修订相关预案：

（1）制定预案所依据的法律、法规、规章、标准发生重大变化；

（2）应急指挥机构及其职责发生调整；

（3）安全生产面临的风险发生重大变化；

（4）重要应急资源发生重大变化；

（5）在预案演练或者应急救援中发现需要修订预案的重大问题；

（6）其他应当修订的情形。

6. 错误

【解析】根据《生产经营单位生产安全事故应急预案编制导则》（GB/T 29639—2020）第5.3条规定，专项应急预案是生产经营单位为应对某一种或者多种类型生产安全事故，或者针对重要生产设施、重大危险源、重大活动防止生产安全事故而制定的专项工作方案。

7. 正确

【解析】略。

8. 错误

【解析】根据《生产安全事故应急预案管理办法》（应急管理部令第2号）第二十五条规定，地方各级人民政府应急管理部门的应急预案，应当报同级人民政府备案，同时抄送上一级人民政府应急管理部门，并依法向社会公布。

9. 正确

【解析】根据《生产安全事故应急预案管理办法》（应急管理部令第2号）第二十七条规定，生产经营单位申报应急预案备案，应当提交下列材料：

（1）应急预案备案申报表；

（2）该办法第二十一条所列单位，应当提供应急预案评审意见；

（3）应急预案电子文档；

（4）风险评估结果和应急资源调查清单。

10. 正确

【解析】略。

11. 正确

【解析】略。

12. 错误

【解析】企业消防站应合理布局，应布置在生产、储存区全年最小频率风向的下风侧。

13. 错误

【解析】根据《生产经营单位生产安全事故应急预案编制导则》（GB/T 29639—2020）第6.1.2条规定，依据事故危害程度、影响范围和生产经营单位控制事态的能力，对事故应急响应进行分级，明确分级响应的基本原则。响应分级不必照搬事故分级。

14. 正确

【解析】略。

15. 错误

【解析】根据《生产安全事故应急条例》第十九条规定，应急救援队伍根据救援命令参加生产安全事故应急救援所耗费用，由事故责任单位承担；事故责任单位无力承担的，由有关人民政府协调解决。

16. 正确

【解析】根据《国家安全监管总局关于加强化工企业泄漏管理的指导意见》（安监总管三〔2014〕94号）第十九条规定，操作人员接到报警信号后，要立即通过工艺条件和控制仪表变化判别泄漏情况，评估泄漏程度，并根据泄漏级别启动相应的应急处置预案。操作人员和管理人员要对报警及处理情况做好记录，并定期对所发生的各种报警和处理情况进行分析。

# 第二节　危险化学品应急处置

## 习　题

### 一、单项选择题

1. 消毒液溅入眼睛，正确的急救方法首先是（　　）。

A. 点眼药膏

B. 立即打开眼睑，用清水冲洗眼睛

C. 马上到医院处置

D. 中和处置

2. 某化工技术有限公司污水处理车间发生火灾。经现场勘察，污水处理车间废水罐内主要含有水、甲苯、焦油、少量废催化剂（雷尼镍）等，事故调查分析认为是因雷尼镍自燃引起甲苯爆燃。根据《火灾分类》（GB/T 4968—2008），该火灾类型属于（　　）。

A. A 类火灾　　B. B 类火灾　　C. C 类火灾　　D. D 类火灾

3. 根据《氯气安全规程》（GB 11984—2008），液氯贮罐区（　　）m 范围内，不应堆放易燃和可燃物品。

A. 12　　B. 15　　C. 20　　D. 25

4. 构成燃烧的 3 个要素是可燃物、助燃物和（　　）。

A. 反应物　　B. 生成物　　C. 着火源　　D. 氧化剂

5. 根据《危险化学品输送管道安全管理规定》（国家安全生产监督管理总局令第 43 号），严格控制氨、硫化氢等其他（　　）的危险化学品管道穿（跨）越公共区域。

A. 易燃气体　　B. 有毒气体　　C. 酸性气体　　D. 有害气体

6. 强氧化剂具有很大的危险性，在受到高温、撞击、摩擦或与有机物、酸类物质接触时，易引起燃烧或者爆炸。下列物质属于强氧化剂的是（　　）。

A. 甲苯　　B. 氯酸钾　　C. 乙烯　　D. 甲烷

7. 某医药化工企业发生镁粉爆炸事故，事故原因是库房因下雨漏水，库房内镁粉遇水反应产生氢气，又因电线短路引发火灾爆炸。该起事故中爆炸起火的镁粉属于（　　）。

A. 金属类无机粉尘　　　　B. 有机粉尘

C. 混合性粉尘　　　　　　D. 复合粉尘

8. 危险化学品生产、储存装置的设备、管线、容器内的可燃物料温度超过其（　　），泄漏出来会立即引起火灾。

A. 闪点　　　　B. 沸点　　　　C. 自燃点　　　　D. 临界点

9. 下列化学物质中，能与氢气混合并在光照条件下发生反应的气体是（　　）。

A. 氮气　　　　B. 二氧化碳　　　C. 二氧化硫　　　D. 氯气

10. 根据《国家安全监管总局关于加强化工过程安全管理的指导意见》(安监总管三〔2013〕88号)，企业要综合分析收集到的各类安全生产信息，明确提出生产过程安全要求和注意事项。通过建立安全管理制度、制定操作规程和应急预案、制作工艺卡片、编制培训手册和技术手册、编制（　　）间的安全相容矩阵表等措施，将各项安全要求和注意事项纳入自身的安全管理中。

A. 危险化学品　　　　　　　　B. 化学品

C. 重点监管的危险化学品　　　D. 剧毒化学品

11. 压力管道发生紧急事故时要对压力管道进行必要的故障处理。下列关于压力管道故障处理的表述，错误的是（　　）。

A. 可拆接头发生泄漏时，采取紧固措施消除泄漏，但不得带压紧固连接件

B. 可拆接头发生泄漏时，应加压堵漏

C. 管道发生异常振动和摩擦，应采取隔断振源等措施

D. 人工燃气中含有一定量的萘蒸气，温度降低就形成凝固，造成堵塞，应定期清洗管道

12. 某化工企业生产的主要产品有碳化钙。根据《建筑设计防火规范（2018年版）》（GB 50016—2014），生产区和储存仓库火灾危险性类别应判定为（　　）。

A. 丁类　　　　B. 乙类　　　　C. 丙类　　　　D. 甲类

13. 某化工公司需要使用危险化学品。根据《危险化学品安全管理条例》，下列关于危险化学品使用安全的表述，正确的是（　　）。

A. 该公司属于化工企业，需要取得危险化学品安全使用许可证

B. 该公司应在易爆危险化学品储存罐上设置明显的安全标志

C. 该公司不再使用危险化学品时，要制定处置方案并报应急管理部门

D. 该公司丢失危险化学品时，应立即向当地应急管理部门报告

14. 化工企业发生有毒化学品泄漏事故后，应该组织人员朝（　　）方向疏散。

　　A. 下风口　　　B. 上风口　　　C. 空旷　　　D. 远离事故

15. 根据《精细化工企业工程设计防火标准》（GB 51283—2020），采用热氧化炉等废气处理设施处理含挥发性有机物的废气时，应设置燃烧室（　　）。

　　A. 高温联锁保护系统和超压泄爆装置

　　B. 超压泄爆装置

　　C. 高温联锁保护系统

　　D. 以上都不对

16. 液态烃储罐发生火灾，必须首先采用各种措施冷却罐壁，以降低罐内（　　），防止其发生爆炸。

　　A. 压力　　　B. 容量　　　C. 温度　　　D. 液位

17. 在应急救援过程中，当发生人员骨折创伤时，急救处置的基本原则是（　　）。

　　A. 先抢救，后固定，再搬运　　B. 先固定，后抢救，再搬运

　　C. 先固定，后搬运，再抢救　　D. 先搬运，后固定，再抢救

18. 某化工厂发生氯气泄漏事故后，应急救援的首要任务一项是抢救中毒人员和人员疏散，另一项是（　　）。

　　A. 及时向有关部门上报事故　　B. 查明泄漏点并进行封堵

　　C. 调查液氨泄漏事故原因　　　D. 消除所有点火源

19. 某脱硫装置大检修期间，未对脱硫的生产设备进行钝化处理，便打开设备人孔，设备内壁留存的硫化亚铁可能导致（　　）。

　　A. 人员硫化氢中毒　　　B. 自燃燃烧

　　C. 人员粉尘中毒　　　　D. 辐射伤害

20. 按照燃烧物质分类，可将燃烧分为气体燃烧、液体燃烧和（　　）。

　　A. 均相燃烧　　　B. 扩散燃烧

　　C. 固体燃烧　　　D. 等离子体燃烧

21. 液化石油气泄漏，如果皮肤接触发生冻伤，首先应（    ）。

   A. 涂擦药膏

   B. 将患部浸泡在 38~42 ℃ 的温水中复温

   C. 在现场等待医护人员

   D. 用热水或辐射热复温

22. 作业人员发现生产现场可燃或有毒气体报警器报警，在不清楚现场情况时，首先应（    ）。

   A. 撤离现场并汇报    B. 汇报

   C. 消除泄漏源    D. 弄清报警原因

23. 发生盐酸灼烫事故后，正确处置的第一步是（    ）。

   A. 脱去被污染的衣物，用大量清水冲洗至少 20 min

   B. 马上送医院处置

   C. 进行中和处置

   D. 口服药物

24. 火场中防止烟气危害最简单的方法是（    ）。

   A. 跳楼或跳窗逃生

   B. 大声呼叫

   C. 弄湿毛巾或衣服捂住口鼻，低姿势沿疏散通道逃生

   D. 原地等待救援

25. 吸入氯、一氧化碳、硫化氢、氨等物质，首先要（    ）。

   A. 迅速脱离现场至空气新鲜处，保持呼吸道通畅

   B. 等待救援

   C. 在现场等待医护人员

   D. 在现场口服解毒药物

26. 氯气泄漏时可以用浸有某种物质的一定浓度水溶液的毛巾捂住鼻子逃生。最适宜采用的物质是（    ）。

   A. 氢氧化钠    B. 氯化钠    C. 碳酸钠    D. 以上都不对

27. 防火的基本方法是从限制燃烧的基本条件入手，用水泥代替木材建造房

子的方法属于（　　）。

  A. 控制引火源　　　　　　B. 隔离助燃物

  C. 控制链式反应自由基　　D. 控制可燃物

28. 在高温场所作业过程中，为防止中暑可适当饮用一些（　　），以免人体电解质失衡。

  A. 矿泉水　　　　　　　　B. 冷冻汽水

  C. 淡盐水　　　　　　　　D. 高糖分饮料

## 二、多项选择题

1. 液化石油气发生泄漏时，下列（　　）应急处置措施是正确的。

  A. 静风泄漏时，液化石油气沉在底部并向低洼处流动，无关人员应向高处撤离

  B. 应急处置时使用的所有设备应接地

  C. 采取措施防止气体通过下水道、通风系统和密闭性空间扩散

  D. 如果为大量泄漏，下风向的初始疏散距离应至少为 800 m

2. 乙炔即使在没有氧气的条件下，也可能发生爆炸，其实质是分解爆炸。下列关于乙炔性能及其使用安全的表述，正确的是（　　）。

  A. 乙炔受热时，容易发生聚合、加成、取代或爆炸性分解等反应

  B. 乙炔易与汞等重金属反应生成爆炸性的乙炔盐

  C. 乙炔的火灾爆炸危险性极大，但爆炸下限高于天然气

  D. 乙炔不能用含铜量超过 70% 的铜合金制造的容器盛装

3. 下列物质中，无色无味，可使人窒息的气体是（　　）。

  A. 氮气　　　B. 二氧化碳　　　C. 氯气　　　D. 氦气

4. 某化工公司发生特别重大爆炸事故，事故原因是该公司固废库内长期违法储存硝化废料，由于持续积热升温导致库存废料自燃，进而引发爆炸。为了预防此类事故，应对爆炸性废弃物采取有效方法进行处理。下列对爆炸性废弃物的处理方法中，正确的是（　　）。

  A. 填埋法　　　B. 爆炸法　　　C. 烧毁法　　　D. 溶解法

E. 化学分解法

5. 气瓶入库应按照气体的性质、公称工作压力及空、实瓶严格分类存放，并应有明确的标志。盛装下列物质的气瓶中，不能与氢气瓶同库储存的有（　　）。

  A. 氯乙烷  B. 二氧化碳  C. 氨  D. 乙炔

  E. 环氧乙烷

6. 某石油化工企业的液化石油气储罐发生泄漏事故，造成液化石油气大量溢出，情况十分紧急。下列关于事故应急处置措施的表述，正确的是（　　）。

  A. 立即查明泄漏点并关闭阀门

  B. 划定警戒区并组织现场人员撤离

  C. 组织事故调查组进行调查

  D. 消除所有点火源

7. 根据《精细化工企业工程设计防火标准》（GB 51283—2020），导热油炉加热燃料气管道应采取下列（　　）保护措施。

  A. 设置低压报警

  B. 设置低低压联锁切断系统

  C. 在燃料气调节阀与导热油炉之间设置阻火器

  D. 在燃料气调节阀与导热油炉之间设置止逆阀

8. 根据《精细化工企业工程设计防火标准》（GB 51283—2020），危险度等级为5级的反应工艺过程，其反应器安全措施包括（　　）。

  A. 应采用防爆墙与其他区域隔离

  B. 设置超压泄爆设施

  C. 反应器系统必须设置远程操作设施

  D. 反应过程中操作人员应加强反应器区域的现场巡检

9. 根据《精细化工企业工程设计防火标准》（GB 51283—2020），安全泄放装置类型应根据（　　）确定。

  A. 泄放介质性质  B. 超压工况特征

  C. 设备或管道材质  D. 安全泄放装置性能

10. 氯气泄漏应急处置时，下列（　　）措施是正确的。

　　A. 使用细水雾驱赶泄漏的气体

　　B. 如果是液态氯泄漏，应注意防冻伤

　　C. 勿使泄漏物与可燃物质（如木材、纸、油等）接触

　　D. 可用水直接冲击泄漏物或泄漏源

　　E. 喷稀碱液中和、稀释

11. 在雷雨天气时，可能产生较高跨步电压的地点有（　　）。

　　A. 大树下方　　　　　　B. 高墙旁边

　　C. 电杆旁边　　　　　　D. 高大建筑物外侧

12. 生产现场如发生触电事故，必须使触电者尽快脱离接触电源，下列措施正确的是（　　）。

　　A. 拉闸断电　　　　　　B. 用绝缘钳切断电源

　　C. 用绝缘物品挑开电线　　D. 用手拉开触电者

　　E. 用水冲走电线

## 三、判断题

1. 根据《氯气职业危害防护导则》（GBZ/T 275—2016），液氯储存应至少配备一台体积最大的液氯槽（罐）作为事故液氯应急备用受槽（罐）。（　　）

2. 可燃气体与空气混合遇着火源，即会发生爆炸。（　　）

3. 石油化工企业的液化石油气、液氨或液氯等的实瓶不应露天堆放。

（　　）

4. 使用硝酸、高锰酸钾等氧化剂进行氧化反应时，不需严格控制加料速度。

（　　）

5. 大部分火灾导致人员死亡是由于高温灼烧造成的。（　　）

6. 用电设备防水至关重要，在室外使用的电机和配电箱应有防雨措施。

（　　）

# 参考答案及解析

## 一、单项选择题

1. B

【解析】消毒液溅入眼睛，应立即打开眼睑，用清水冲洗眼睛，稀释和清洗掉消毒液，减少接触时间。

2. B

【解析】雷尼镍是催化剂，量很小，虽然其引起了甲苯的爆燃，但火灾是因甲苯爆燃造成的。甲苯为液态，根据《火灾分类》（GB/T 4968—2008），该火灾类型属于 B 类液体火灾。

3. C

【解析】根据《氯气安全规程》（GB 11984—2008）第 7.2.1 条规定，液氯贮罐区 20 m 范围内，不应堆放易燃和可燃物品。

4. C

【解析】燃烧是指可燃物与氧化剂作用发生的放热反应，通常伴有火焰、发光、发烟的现象。物质燃烧需要同时具备可燃物、助燃物和着火源 3 个要素。

5. B

【解析】根据《危险化学品输送管道安全管理规定》（国家安全生产监督管理总局令第 43 号）第七条规定，严格控制氨、硫化氢等其他有毒气体的危险化学品管道穿（跨）越公共区域。

6. B

【解析】略。

7. A

【解析】按粉尘的性质不同，可将其划分为无机粉尘、有机粉尘和混合性粉尘。

（1）无机粉尘。包括矿物性粉尘，如石英、石棉等；金属类无机粉尘，如铁、铝、锡等；人工无机粉尘，如水泥、人造金刚石等。

（2）有机粉尘。包括动物性粉尘，如毛、羽、丝、骨质等；植物性粉尘，如棉、麻、谷物、孢子等；人工有机性粉尘，如炸药、有机染料等。

（3）混合性粉尘，即上述各类粉尘混合存在。

8. C

【解析】略。

9. D

【解析】氮气为惰性气体，不与氢气发生反应；二氧化碳具有弱氧化性，与氢气在高温高压催化作用下可生成一氧化碳和水，但无法在光照条件下反应；二氧化硫与氢气在高温催化作用下，可被还原成硫化氢和水，同样也无法在光照条件下反应；氯气与氢气混合在光照条件下，可生成氯化氢，反应剧烈并伴随有爆鸣声。

10. B

【解析】根据《国家安全监管总局关于加强化工过程安全管理的指导意见》（安监总管三〔2013〕88号）第（三）条规定，企业要综合分析收集到的各类信息，明确提出生产过程安全要求和注意事项。通过建立安全管理制度、制定操作规程、制定应急救援预案、制作工艺卡片、编制培训手册和技术手册、编制化学品间的安全相容矩阵表等措施，将各项安全要求和注意事项纳入自身的安全管理中。

11. B

【解析】可拆卸接头发生泄漏，一般可采取紧固措施消除泄漏，但不能带压紧固连接件。

12. D

【解析】碳化钙遇水或湿气能迅速产生高度易燃的乙炔气体，在空气中达到一定的浓度时，可发生爆炸性灾害；与酸类物质能发生剧烈反应。根据《建筑设计防火规范（2018年版）》（GB 50016—2014）储存物品的火灾危险性分类，属于甲类。

13. B

【解析】A 选项错误。不是所有企业都需要取得危险化学品安全使用许可证，根据《危险化学品安全管理条例》第二十九条规定，使用危险化学品从事生产并且使用量达到规定数量的化工企业，应当依照该条例的规定取得危险化学品安全使用许可证。B 选项正确。根据《危险化学品安全管理条例》第二十条规定，生产、储存危险化学品的单位，应当在其作业场所和安全设施、设备上设置明显的安全警示标志。C 选项错误。根据《危险化学品安全管理条例》第二十七条规定，生产、储存危险化学品的单位转产、停产、停业或者解散的，处置方案应当报所在地县级人民政府安全生产监督管理部门、工业和信息化主管部门、环境保护主管部门和公安机关备案。D 选项错误。根据《危险化学品安全管理条例》第二十三条规定，发现剧毒化学品、易制爆危险化学品丢失或者被盗的，应当立即向当地公安机关报告。

14. B

【解析】略。

15. A

【解析】根据《精细化工企业工程设计防火标准》（GB 51283—2020）第5.1.5 条规定，采用热氧化炉等废气处理设施处理含挥发性有机物的废气时，应设置燃烧室高温联锁保护系统和燃烧室超压泄爆装置。

16. A

【解析】略。

17. A

【解析】略。

18. B

【解析】除抢救人员外，及时有效地控制造成事故的危险源是事故应急救援的重要任务，只有控制了危险源，防止事故的进一步扩大和发展，才能及时有效地实施救援行动。

19. B

【解析】硫化亚铁在含少量水的情况下，自热温度降至常温，从而使硫化亚铁在常温下也能自燃。

20. C

【解析】略。

21. B

【解析】略。

22. A

【解析】略。

23. A

【解析】略。

24. C

【解析】烟气中主要有害成分为一氧化碳，比空气轻。弄湿毛巾或衣服捂住口鼻，低姿势沿疏散通道逃生，可减少一氧化碳的吸入，有利于逃生。

25. A

【解析】根据《首批重点监管的危险化学品安全措施和应急处置原则》（安监总厅管三〔2011〕142号），吸入氯、一氧化碳、硫化氢、氨有毒气体时，要迅速脱离现场至空气新鲜处，保持呼吸道通畅。

26. C

【解析】氯气需要使用碱性溶液吸收，但氢氧化钠为强碱，易造成化学灼烫；碳酸钠为弱碱性，宜选用。

27. D

【解析】使用不燃材料代替可燃材料，属于典型的控制可燃物的方法。

28. C

【解析】略。

## 二、多项选择题

1. ABCD

【解析】根据《首批重点监管的危险化学品安全措施和应急处置原则》（安监总厅管三〔2011〕142号）规定，由于液化石油气是极易燃气体，比空气重，能在较低处扩散到相当远的地方，遇点火源会着火回燃。发生泄漏、火灾时，应切断气源。若不能切断气源，则不允许熄灭泄漏处的火焰。喷水冷却容器，尽可能将容器从火场移至空旷处。如果为大量泄漏，下风向的初始疏散距离应至少为 800 m。

2. ABD

【解析】当乙炔受热或受压时，容易发生聚合、加成、取代或爆炸性分解等反应。乙炔易与铜、银、汞等重金属反应生成爆炸性的乙炔盐，这些乙炔盐只需轻微的撞击便能发生爆炸而使乙炔着火。甲烷的爆炸极限为 5%~15%，乙炔的爆炸极限为 2.5%~82%，所以乙炔爆炸下限低于天然气。不能用含铜量超过 70% 的铜合金制造盛乙炔的容器。

3. ABD

【解析】氮气、二氧化碳、氩气均为无色无味，可使人窒息的气体；氯气为黄绿色气体，具有强烈的刺激性气味，是剧毒性气体，具有强氧化性。

4. BCDE

【解析】爆炸物销毁一般可采用 4 种方法，即爆炸法、烧毁法、溶解法、化学分解法。爆炸性物品销毁不能采用填埋法，因为填埋仍有风险，仍有可能会发生爆炸。

5. ACDE

【解析】可燃气体的气瓶不可与氧化性气体气瓶同库储存。氢气不准与笑气、氨、氯乙烷、环氧乙烷、乙炔等同库。

6. ABD

【解析】根据《生产安全事故应急条例》第十七条规定，发生生产安全事故后，生产经营单位应当立即启动生产安全事故应急救援预案，采取下列一项或者多项应急救援措施，并按照国家有关规定报告事故情况：

（1）迅速控制危险源，组织抢救遇险人员。

（2）根据事故危害程度，组织现场人员撤离或者采取可能的应急措施后撤离。

（3）及时通知可能受到事故影响的单位和人员。

（4）采取必要措施，防止事故危害扩大和次生、衍生灾害发生。

（5）根据需要请求邻近的应急救援队伍参加救援，并向参加救援的应急救援队伍提供相关技术资料、信息和处置方法。

（6）维护事故现场秩序，保护事故现场和相关证据。

（7）法律、法规规定的其他应急救援措施。

7．ABC

【解析】根据《精细化工企业工程设计防火标准》（GB 51283—2020）第5.4.4条规定，导热油炉加热燃料气管道应采取下列保护措施：设置低压报警、低低压联锁切断系统，在燃料气调节阀与导热油炉之间设置阻火器。

8．ABC

【解析】根据《精细化工企业工程设计防火标准》（GB 51283—2020）第5.5.9条规定，高危险度等级（危险度等级为5级）的反应工艺过程，其反应器应采用防爆墙与其他区域隔离，并设置超压泄爆设施，反应器系统必须设置远程操作设施。

9．ABD

【解析】根据《精细化工企业工程设计防火标准》（GB 51283—2020）第5.7.4条规定，安全泄放装置类型应根据泄放介质性质、超压工况特征以及安全泄放装置性能确定。

10．ABCE

【解析】根据《首批重点监管的危险化学品安全措施和应急处置原则》（安监总厅管三〔2011〕142号）规定，氯在泄漏应急处置时禁止用水直接冲击泄漏物或泄漏源。若可能则翻转容器，使之逸出气体而非液体。

11．ABCD

【解析】略。

12．ABC

【解析】略。

### 三、判断题

1．正确

【解析】根据《氯气职业危害防护导则》（GBZ/T 275—2016）第 6.2.2.1 条规定，液氯储存厂房推荐采用密闭结构，同时配备事故氯处理装置。根据液氯储槽体积大小，应至少配备一台体积最大的液氯储槽（罐）作为事故液氯应急备用受槽（罐）。

2. 错误

【解析】可燃气体与空气混合达到爆炸极限遇着火源，才会发生爆炸。

3. 正确

【解析】根据《石油化工企业设计防火标准（2018 年版）》（GB 50160—2008）第 6.5.5 条规定，液化石油气、液氨或液氯等的实瓶不应露天堆放。

4. 错误

【解析】硝酸、高锰酸钾属于强氧化剂，进行氧化反应时，会发生剧烈的化学反应，需要严格控制加料速度。

5. 错误

【解析】火灾缺氧窒息或中毒是造成大部分火灾人员死亡的主要原因。

6. 正确

【解析】略。

# 第三节　应急救援装备的选用及维护

## 习　题

一、单项选择题

1. 灭火剂是能够有效地破坏燃烧条件、中止燃烧的物质，不同种类灭火剂的灭火机理不同。干粉灭火剂的灭火机理是（　　）。

　　A. 使链式燃烧反应中断　　　　B. 使燃烧物冷却、降温

　　C. 使燃烧物与氧气隔绝　　　　D. 使燃烧区内氧气浓度降低

2. 比水轻的非水溶性可燃、易燃液体火灾，原则上不能用（　　）扑救。

　　A. 沙土　　　　B. 干粉　　　　C. 水

3. 在高浓度硫化氢环境下，实施现场搜救任务时，为确保安全，搜救人员应佩戴（　　）。

　　A. 长管呼吸器　　　　　　B. 正压式空气呼吸器

　　C. 防毒面具　　　　　　　D. 活性炭口罩

4. 进行腐蚀品的装卸作业应该佩戴（　　）手套。

　　A. 帆布　　　　B. 橡胶　　　　C. 棉布　　　　D. 隔热

5. 根据《建筑灭火器配置验收及检查规范》（GB 50444—2008），每次送修的灭火器数量不得超过计算单元配置灭火器总数量的（　　）。超出时，应选择相同类型和操作方法的灭火器替代，替代灭火器的灭火级别应不小于原配置灭火器的灭火级别。

　　A. 1/4　　　　B. 1/2　　　　C. 3/4　　　　D. 1/3

6. 某危险化学品储存企业在可能引起职业性灼伤或腐蚀的化学品工作场所，设置相应的警示标识。下列警示标识设置中，正确的是（　　）。

　　A. 当心中毒、注意通风、当心感染、戴安全帽

　　B. 当心灼伤、穿防护服、戴防护手套、穿防护鞋

　　C. 当心电离辐射、戴防毒面具、戴防尘口罩、当心中毒

　　D. 当心中毒、注意通风、当心感染、戴防毒面具

7. 某氯碱企业按照规定为员工配备劳动防护用品，包括安全帽、安全带、绝缘鞋、乳胶手套、防尘口罩、滤毒罐等。下列关于该企业劳动防护用品使用的表述，错误的是（　　）。

　　A. 电解岗位穿防静电工作服　　B. 低毒岗位使用防尘口罩

　　C. 电工穿绝缘鞋　　　　　　　D. 化验分析岗位员工佩戴乳胶手套

8. 在易燃易爆场所进行盲板抽堵作业时，作业人员应穿（　　），并使用防爆灯具和防爆工具。

　　A. 防静电工作服　　　　　　B. 防酸碱工作服

　　C. 防化服　　　　　　　　　D. 防辐射服

9. 根据《石油化工可燃气体和有毒气体检测报警设计标准》（GB/T 50493—2019）规定，液化烃、甲$_B$、乙$_A$类液体等产生可燃气体的液体储罐的防火堤内，应设探测器。可燃气体探测器距其所覆盖范围内的任一释放源的水平距离不宜大于（　　）m，有毒气体探测器距其所覆盖范围内的任一释放源的水平距离不宜大于（　　）m。

  A. 10，4  B. 10，5  C. 20，10  D. 15，5

10. 根据《石油化工企业设计防火标准（2018年版）》（GB 50160—2008），采用稳压泵维持管网的消防水压力大于等于 0.7 MPa 的消防水系统称为（　　）。

  A. 稳高压消防水系统  B. 消防栓灭火系统

  C. 自动消防喷淋系统  D. 中压消防水系统

11. 在空气不流通的狭小地方使用二氧化碳灭火器可能造成（　　）危险。

  A. 中毒  B. 缺氧窒息  C. 爆炸  D. 着火

12. 三氯化磷发生火灾时，不能采用（　　）灭火剂。

  A. 干粉  B. 二氧化碳  C. 干燥沙土  D. 泡沫

13. 某危险化学品生产企业，按照规定为不同岗位员工配备了防护功能和效果适用的劳动防护用品、用具，并督促员工正确佩戴。下列关于不同岗位配备劳动防护用品、用具的表述，错误的是（　　）。

  A. 离子膜电解岗位配备防静电工作服

  B. 液氨操作岗位配备 4 号滤毒罐

  C. 空气压缩机岗位配备耳塞

  D. 煤气化岗位配备 7 号滤毒罐

14. 阻止火焰音速、超音速传播的阻火器称为（　　）。

  A. 超速阻火器  B. 限速阻火器

  C. 爆燃阻火器  D. 轰爆阻火器

## 二、多项选择题

1. 过滤式防毒面具的使用方法是（　　）。

A. 使用前将面罩、导气管、过滤罐连接起来，并检查整套面具的气密性

B. 戴上面具后用手掌堵住过滤罐的底部进气孔，进行深呼吸，若无空气进入则说明此套面具气密性良好

C. 使用时必须事先拔去过滤罐底部进气孔的橡皮塞，否则会引发窒息事故，威胁人身安全

D. 拉紧头带并扣住

2. 正压式空气呼吸器的使用方法是（　　　）。

A. 佩戴前先打开气瓶开关，检查压力表压力必须高于说明书中要求的使用压力（注意气瓶阀打开后，要及时关闭面罩的自动切换阀），同时检查整套气管的气密情况（外观、声音）

B. 呼吸器气瓶阀朝下背在人体身后，扣紧腰带并将压力表别进腰带中方便观看压力的位置，戴好面罩并将其拉紧，做深呼吸 2~3 次，感觉呼吸舒畅方可进入工作区域

C. 使用中随时注意压力表的变化情况，当压力将至 4~6 MPa 时应及时撤离毒区

D. 使用中听见报警哨响起，应立即撤离毒区

3. 根据《石油化工可燃气体和有毒气体检测报警设计标准》（GB/T 50493—2019），可燃气体和（或）有毒气体释放源周围应布置监测点的有（　　　）。

A. 气体压缩机和液体泵的动密封

B. 液体采样口和气体采样口

C. 液体（气体）排液（水）口和放空口

D. 经常拆卸的法兰和经常操作的阀门组

4. 根据《石油化工企业设计防火标准（2018 年版）》（GB 50160—2008），消火栓的数量及位置，应按（　　　）等综合计算确定。

A. 建筑面积　　　　　　　　B. 其保护半径

C. 被保护对象的消防用水量　　D. 装置高度

5. 根据《建筑灭火器配置设计规范》（GB 50140—2005），下列属于选择灭火器时应考虑的因素是（　　　）。

A. 灭火器配置场所的火灾种类

B. 灭火器配置场所的危险等级

C. 灭火剂对保护物品的污损程度

D. 使用灭火器人员的体能

6. 根据《建筑灭火器配置验收及检查规范》（GB 50444—2008），需维修的灭火器应由（　　）或（　　）进行维修。

A. 灭火器生产企业　　　　B. 企业设备部门

C. 专业维修单位　　　　　D. 回收单位

7. 可以在控制室、机柜间设置的灭火器有（　　）。

A. 泡沫型灭火器　　　　　B. 干粉型灭火器

C. 水基型（水雾）灭火器　D. 气体型灭火器

### 三、判断题

1. 厂房、仓库内存有与水接触能引起燃烧爆炸的物品的部位，不应设置室内消火栓，但宜配置相应的灭火设施和采取相应的防火保护措施。（　　）

2. 根据《建筑灭火器配置验收及检查规范》（GB 50444—2008），日常巡检发现灭火器被挪动，缺少零部件，或灭火器配置场所的使用性质发生变化等情况时，应及时处置。（　　）

3. 根据《中华人民共和国消防法》，对损坏、挪用或者擅自拆除、停用消防设施、器材的单位，责令改正，处以 5 000 元以上 5 万元以下的罚款。（　　）

4. 遇水可以燃烧的物质起火时，一般不能用泡沫灭火剂进行灭火。（　　）

5. 当灭火器发生明显锈蚀或机械损伤时应及时进行维修。（　　）

6. 灭火器箱不应被遮挡，为防止灭火器丢失应上锁或拴系。（　　）

7. 灭火器压力指示器的指针应在黄区范围内。（　　）

8. 长管面具由面罩、蛇形胶管组成。它适用于缺氧、有毒气体成分不明确或有毒气体浓度较高的作业环境，特别是用于密闭容器如塔、槽、罐检修作业。（　　）

9. 根据《呼吸防护　自吸过滤式防毒面具》（GB 2890—2009），过滤式防毒

面具用于防护二氧化硫或其他酸性气体或蒸气时应选用 B 型过滤件。（　　）

10. 当使用的正压式空气呼吸器压力降至 5 MPa 时，应立即撤离作业现场。
（　　）

11. 罐区灭火器的配置、外观等应按要求每月进行一次检查。（　　）

## 参考答案及解析

### 一、单项选择题

1. A

【解析】干粉灭火剂中的灭火组分是燃烧反应的非活性物质，当进入燃烧区域火焰中时，捕捉并终止燃烧反应产生的自由基，降低了燃烧反应的速率，当火焰中干粉浓度足够高，与火焰的接触面积足够大，自由基中止速率大于燃烧反应生成的速率，链式燃烧反应被终止，从而使火焰熄灭。

2. C

【解析】比水轻的非水溶性可燃、易燃液体火灾，使用水扑救时，比水轻的非水溶性可燃、易燃液体会在水面上继续燃烧并形成流淌火，带来更大范围的火灾。

3. B

【解析】长管呼吸器适用于受限空间作业。防毒面具对浓度较低的泄漏场所有效，且使用的有效时间较短，存在有毒气体穿透滤毒盒被人吸入的风险。活性炭口罩不能用于有毒环境下的搜救任务。正压式空气呼吸器可以将搜救人员呼吸系统完全与外界隔离，对于有毒气体现场搜救任务的人身保障具有安全可靠性，故高浓度硫化氢环境下，搜救人员应佩戴正压式空气呼吸器。

4. B

【解析】腐蚀品可通过皮肤接触造成人体化学灼伤，帆布、棉布、隔热手套均不能有效防护腐蚀品，进行腐蚀品的装卸作业应佩戴橡胶手套。

5. A

【解析】根据《建筑灭火器配置验收及检查规范》（GB 50444—2008）第

5.1.2 条规定，每次送修的灭火器数量不得超过计算单元配置灭火器总数量的 1/4。超出时，应选择相同类型和操作方法的灭火器替代，替代灭火器的灭火级别应不小于原配置灭火器的灭火级别。

6. B

【解析】略。

7. B

【解析】A 选项正确，电解岗位存在火灾爆炸危险，应穿防静电工作服防止静电火花。B 选项错误，根据《个体防护装备 第 1 部分：总则》（GB 39800.1—2020），接触有毒、有害物质的作业人员，应根据可能接触毒物的种类选择配备相应的防毒面具、空气呼吸器等呼吸防护装备。低毒岗位人员应使用防毒面具而不是防尘口罩。C 选项正确，电工穿绝缘鞋可预防触电。D 选项正确，化验分析岗位员工佩戴乳胶手套可预防化学品对手部或手臂造成伤害。

8. A

【解析】涉及易燃易爆物料作业时，防静电保护是有效的控制点火源的措施。

9. A

【解析】根据《石油化工可燃气体和有毒气体检测报警设计标准》（GB/T 50493—2019）第 4.3.1 规定，液化烃、甲$_B$、乙$_A$ 类液体等产生可燃气体的液体储罐的防火堤内，应设探测器。可燃气体探测器距其所覆盖范围内的任一释放源的水平距离不宜大于 10 m，有毒气体探测器距其所覆盖范围内的任一释放源的水平距离不宜大于 4 m。

10. A

【解析】根据《石油化工企业设计防火标准（2018 年版）》（GB 50160—2008）第 2.0.34 条规定，稳高压消防水系统是指采用稳压泵维持管网的消防水压力高于等于 0.7 MPa 的消防水系统。

11. B

【解析】灭火时，二氧化碳气体可以排除空气而包围在燃烧物体的表面或分布于较密闭的空间中，降低可燃物周围或防护空间内的氧浓度，产生窒息作用而灭火。

12. D

【解析】因为三氯化磷遇水猛烈分解，产生大量的热和浓烟，甚至爆炸，所以不能用含水的灭火剂扑救三氯化磷火灾。

13. D

【解析】A、B、C选项正确，D选项错误。离子膜电解岗位存在火灾爆炸风险，配备防静电工作服可以防止产生静电火花。空气压缩机岗位配备耳塞可以防止空气压缩机噪声造成人员听力损伤。1号（B型）小型滤毒罐，防护对象为无机气体或蒸汽；3号（A型）小型滤毒罐，防护对象为无机气体或蒸汽；4号（K型）小型滤毒罐，防护对象为氨、硫化氢；5号（CO型）小型滤毒罐，防护对象为一氧化碳；7号（E型）小型滤毒罐，防护对象为酸性气体或蒸汽；8号（$H_2S$型）小型滤毒罐，防护对象为硫化氢或氨。煤气化岗位应配备5号滤毒罐。

14. D

【解析】爆燃阻火器阻止火焰亚音速传播，轰爆阻火器阻止火焰音速、超音速传播。

## 二、多项选择题

1. ABCD

【解析】略。

2. ABCD

【解析】略。

3. ABCD

【解析】根据《石油化工可燃气体和有毒气体检测报警设计标准》（GB/T 50493—2019）第4.1.3条规定，下列可燃气体和（或）有毒气体释放源周围应布置监测点：

（1）气体压缩机和液体泵的动密封；

（2）液体采样口和气体采样口；

（3）液体（气体）排液（水）口和放空口；

（4）经常拆卸的法兰和经常操作的阀门组。

4. BC

【解析】根据《石油化工企业设计防火标准（2018 年版）》（GB 50160—2008）第 8.5.6 条规定，消火栓的数量及位置，应按其保护半径及被保护对象的消防用水量等综合计算确定。

5. ABCD

【解析】根据《建筑灭火器配置设计规范》（GB 50140—2005）第 4.1.1 条规定，灭火器的选择应考虑下列因素：

（1）灭火器配置场所的火灾种类；

（2）灭火器配置场所的危险等级；

（3）灭火器的灭火效能和通用性；

（4）灭火剂对保护物品的污损程度；

（5）灭火器设置点的环境温度；

（6）使用灭火器人员的体能。

6. AC

【解析】根据《建筑灭火器配置验收及检查规范》（GB 50444—2008）第 5.1.4 条规定，需维修的灭火器应由灭火器生产企业或专业维修单位进行。

7. BD

【解析】生产区等场所宜设置干粉型、水基型（水雾）或泡沫型灭火器，控制室、机柜间等宜设置干粉型或气体型灭火器，化验室等宜设置水基型或干粉型灭火器。

### 三、判断题

1. 正确

【解析】略。

2. 正确

【解析】略。

3. 正确

【解析】根据《中华人民共和国消防法》第六十条规定，对损坏、挪用或者擅自拆除、停用消防设施、器材的单位，责令改正，处 5 000 元以上 5 万元以下的罚款。

4. 正确

【解析】泡沫灭火剂是与水混溶，通过机械作用或化学反应产生泡沫进行灭火的药剂。泡沫灭火剂一般由发泡剂、泡沫稳定剂、降黏剂、抗冻剂、助溶剂、防腐剂及水组成，主要用于扑救非水溶性可燃液体及一般固体火灾。遇水自燃物质不能使用泡沫灭火剂。

5. 正确

【解析】略。

6. 错误

【解析】根据《建筑灭火器配置验收及检查规范》（GB 50444—2008）第 3.2.2 条规定，灭火器箱不应被遮挡、上锁或拴系。

7. 错误

【解析】根据《建筑灭火器配置验收及检查规范》（GB 50444—2008）第 2.2.1 条规定，灭火器压力指示器的指针应在绿区范围内。

8. 正确

【解析】长管面具适用于受限空间作业，在一些特殊受限空间作业应佩戴长管面具，如无氧、氮气环境下更换催化剂作业。

9. 错误

【解析】根据《呼吸防护 自吸过滤式防毒面具》（GB 2890—2009）第 4.3.1 条规定，过滤式防毒面具用于防护二氧化硫或其他酸性气体或蒸汽时应选用 E 型过滤件。

10. 正确

【解析】使用正压式空气呼吸器，当压力降至 5 MPa 或听到报警声或面罩破裂时，应立即撤离作业现场。

11. 错误

【解析】根据《建筑灭火器配置验收及检查规范》（GB 50444—2008）第 5.2.2 条规定，下列场所配置的灭火器，应每半月进行一次检查：堆场、罐区、石油化工装置区、加油站、锅炉房、地下室等场所。

## 第四节　事故事件管理

## 习　题

### 一、单项选择题

1. 下列属于事故直接经济损失的是（　　）。

    A. 处理环境污染的费用　　B. 补充新职工的培训费用

    C. 停产损失　　　　　　　D. 清理现场费用

2. 根据《生产安全事故报告和调查处理条例》，事故报告的内容不包括（　　）。

    A. 事故发生单位概况　　　B. 事故的简要经过

    C. 已经采取的措施　　　　D. 间接经济损失

3. 某化工企业生产车间发生火灾事故，造成 1 人死亡、2 人受伤。根据《中华人民共和国安全生产法》，下列关于该企业事故报告和抢救的表述，正确的是（　　）。

    A. 接到事故报告后，立即向当地有关部门报告并等待抢救

    B. 单位负责人立即采取措施组织抢救，防止事故扩大

    C. 向当地有关部门报告死亡 1 人，未报 2 人受伤

    D. 立即清理事故现场，防止产生负面影响

4. 某企业发生一起危险化学品爆炸事故，事故发生后，该企业主要负责人擅离职守，未立即组织抢救。根据《中华人民共和国安全生产法》，应急管理部门可对该企业主要负责人处上一年年收入（　　）的罚款。

    A. 10%　　　B. 30%　　　C. 70%　　　D. 50%

5. 某县化工企业发生危险化学品泄漏爆炸事故，造成 5 人死亡。根据《生产

安全事故报告和调查处理条例》，下列关于事故报告的表述，正确的是（　　）。

  A. 该化工企业负责人接到事故报告后，应当在 2 h 内向县应急管理部门报告

  B. 县应急管理部门在向上一级应急管理部门报告的同时，应当将事故情况报告本级人民政府

  C. 县应急管理部门接到事故报告后，应当在 24 h 内向上级应急管理部门报告

  D. 该事故应当逐级上报，不得越级直接向所在地省应急管理部门报告

6. 从业人员发现事故隐患或者其他不安全因素，应当立即向现场安全生产管理人员或者本单位负责人报告；接到报告的人员应当及时予以（　　）。

  A. 记录　　　B. 上报　　　C. 处理　　　D. 奖励

7. 某企业的主要负责人甲某因未履行安全生产管理职责，导致发生生产安全事故，于 2018 年 9 月 12 日受到撤职处分。该企业改制分立新企业拟聘甲某为主要负责人。根据《中华人民共和国安全生产法》，甲某可以任职的时间是（　　）。

  A. 2019 年 9 月 12 日后　　　B. 2020 年 9 月 12 日后

  C. 2021 年 9 月 12 日后　　　D. 2023 年 9 月 12 日后

8. 根据《中华人民共和国安全生产法》，生产经营单位与从业人员订立协议，免除或者减轻其对从业人员因生产安全事故伤亡依法应承担的责任的，该协议无效，（　　）。

  A. 责令停止营业

  B. 责令停产整顿

  C. 责令生产经营单位整改，并处 20 万以上 50 万元以下的罚款

  D. 对生产经营单位的主要负责人、个人经营的投资人处 2 万元以上 10 万元以下的罚款

9. 根据《中华人民共和国安全生产法》，下列关于事故报告的表述，不正确的是（　　）。

  A. 发生生产安全事故后，事故现场有关人员应当立即报告本单位负责人

B. 生产经营单位的主要负责人在本单位发生生产安全事故时，不立即组织抢救或者在事故调查处理期间擅离职守或者逃匿的，给予降级、撤职的处分，并由应急管理部门处上一年年收入40%~80%的罚款

C. 单位负责人接到事故报告后，应当迅速采取有效措施，组织抢救，防止事故扩大，减少人员伤亡和财产损失，并按照国家有关规定立即如实报告当地负有安全生产监督管理职责的部门

D. 单位负责人不得隐瞒不报、谎报或者迟报，不得故意破坏事故现场、毁灭有关证据

10. 根据《生产安全事故信息报告和处置办法》，应当报告和处置的生产安全事故信息是指已经发生的生产安全事故和（　　）的信息。

　　A. 自然灾害　　　　　　B. 突发事件

　　C. 较大涉险事故　　　　D. 社会事件

11. 根据《中华人民共和国安全生产法》，国有企业的主要负责人未按有关规定保证安全生产所需的资金投入，导致发生生产安全事故，尚不够刑事处罚的，对企业主要负责人应当给予（　　）的处分。

　　A. 罚款　　　B. 降职　　　C. 撤职　　　D. 开除

12. 某化工厂发生一起火灾事故，造成2人死亡，1人重伤，3人轻伤。事故发生1个月后，重伤者因救治无效死亡。根据《安全生产事故报告和调查处理条例》，下列关于事故补报的表述，正确的是（　　）。

　　A. 该厂应在3日内向应急管理部门补报该事故伤亡情况并说明情况

　　B. 该厂无须向应急管理部门补报事故伤亡人数更新情况

　　C. 应急管理部门应根据更新的伤亡人数重新界定该事故等级

　　D. 应急管理部门应向本级人民政府补报该事故伤亡人数更新情况

13. 某化工企业发生了爆炸事故，在事故调查过程中，调查组现场勘查用了5天时间。根据《生产安全事故报告和调查处理条例》，特殊情况下，经负责事故调查的人民政府批准，提交事故调查报告的期限可以适当延长，但延长的期限最长不超过（　　）日。

　　A. 60　　　　B. 80　　　　C. 120　　　　D. 180

14. 根据《国家安全监管总局关于加强化工过程安全管理的指导意见》(安监总管三〔2013〕88号),化工企业要制定安全事件管理制度,加强对未遂事故等安全事件的管理。要建立未遂事故和事件报告激励机制。要深入调查分析安全事件,找出事件的( ),及时消除人的不安全行为和物的不安全状态。

    A. 直接原因    B. 根本原因    C. 间接原因    D. 使能条件

15. 一辆油罐车在 A 省境内的高速公路上与一辆大客车追尾,引发油罐车爆燃,造成 20 人死亡。该油罐车中所载溶剂油是自 B 省发往 C 省某企业的货物。根据《生产安全事故报告和调查处理条例》,负责该起事故调查的主体是( )。

    A. A 省人民政府    B. B 省人民政府
    C. C 省人民政府    D. 应急管理部

16. 某化工公司造粒车间发生粉尘爆炸,接着引发大火,导致造粒车间整体倒塌。事故造成 1 人当场死亡,4 人受伤,其中 1 人重伤。这次事故造成的损失包括:医疗费用(含护理费用)45 万元,丧葬及抚恤等费用 60 万元,处理事故和现场抢救费用 28 万元,设备损失 200 万元,停产损失 150 万元。此次事故的直接经济损失为( )万元。

    A. 45    B. 105    C. 133    D. 333

17. 某生物药品企业的 2 号储罐发生火灾爆炸事故,造成 1 人死亡、3 人轻伤,直接经济损失 420 万元。根据《生产安全事故报告和调查处理条例》,该起事故属于( )。

    A. 一般事故    B. 较大事故    C. 重大事故    D. 特大事故

18. 某化工企业发生爆炸事故,造成 3 人死亡、3 人受伤,直接经济损失约 580 万元。事故调查组应当自事故发生之日起( )日内提交事故调查报告。

    A. 15    B. 30    C. 45    D. 60

19. 某化工厂的硫回收装置,在更换阀门作业时,设备内硫化氢泄漏,造成 2 人中毒死亡。根据《企业职工伤亡事故分类标准》(GB 6441—86),该起事故类别为( )。

    A. 中毒和窒息    B. 物体打击

C. 冲击　　　　　　　　D. 机械伤害

20. 某危险化学品生产企业硫黄仓库发生爆炸，造成 7 人死亡、5 人重伤、25 人轻伤。事故赔偿及善后费用 1 350 万元。根据《中华人民共和国安全生产法》，生产经营单位发生生产安全事故造成人员伤亡、他人财产损失的，应当依法承担赔偿责任，拒不承担或者其负责人逃匿的，由（　　）依法强制执行。

　　A. 事故调查组　　　　B. 当地政府

　　C. 人民法院　　　　　D. 当地公安部门

21. 某化工生产单位在起重机检修过程中，检修工因触电从起重机高处坠落，掉入下方的水池中溺亡。根据《企业职工伤亡事故分类》（GB 6441—86），该起事故类别为（　　）。

　　A. 高处坠落　　B. 淹溺　　　　C. 起重伤害　　　D. 触电

22. 周某是某化工公司法定代表人。该公司发生爆炸事故，共造成 10 人死亡、15 人重伤、直接经济损失 6 000 多万元。事故调查报告显示，该公司安全设备管理存在重大缺陷，需要时无法启动，造成本次事故的发生。法定代表人周某被依法追究刑事责任。根据《中华人民共和国安全生产法》，下列关于该起事故责任追究的表述，正确的是（　　）。

　　A. 应当对周某处上一年年收入 60%的罚款

　　B. 应当对该公司处 1 000 万元以上 2 000 万元以下的罚款

　　C. 可以对周某和该公司同时给予罚款

　　D. 周某终身不得担任任何生产经营单位的主要负责人

23. 张某是某危险化学品重大危险源企业的法定代表人。该公司一台乙烯球罐已经超过使用期限，因更换成本过高，张某不同意更换该设备，后因该设备故障发生生产安全事故，造成 3 人死亡。根据《中华人民共和国安全生产法》，下列关于张某职责及事故责任的表述，错误的是（　　）。

　　A. 张某未履行保证本单位必要的安全生产投入的职责

　　B. 张某未履行及时消除生产安全事故隐患的职责

　　C. 张某应当受到负有安全生产监督管理职责部门的行政处罚

　　D. 张某终身不得担任本行业任何生产经营单位的主要负责人

## 二、多项选择题

1. 根据《生产安全事故报告和调查处理条例》，下列（　　）属于重大事故。

    A. 10 人以上 30 人以下死亡

    B. 50 人以上 100 人以下重伤

    C. 50 人以上 100 人以下轻伤

    D. 5 000 万元以上 1 亿元以下直接经济损失

2. 根据《生产安全事故报告和调查处理条例》，下列关于事故调查组织单位的表述，正确的是（　　）。

    A. 较大事故由事故发生地县级人民政府负责调查

    B. 重大事故由事故发生地省级人民政府负责调查

    C. 对需要设区的市级人民政府组织调查的事故，设区的市级人民政府可以授权或者委托有关部门组织事故调查组进行调查

    D. 未造成人员伤亡的一般事故，县级人民政府也可以委托事故发生单位组织事故调查组进行调查

3. 根据《生产安全事故报告和调查处理条例》，下列关于事故上报的表述，正确的是（　　）。

    A. 特别重大事故逐级上报至国务院应急管理部门和负有安全生产监督管理职责的有关部门

    B. 重大事故逐级上报至国务院应急管理部门和负有安全生产监督管理职责的有关部门

    C. 重大事故逐级上报至省、自治区、直辖市应急管理部门和负有安全生产监督管理职责的有关部门

    D. 一般事故上报至设区的市级人民政府应急管理部门和负有安全生产监督管理职责的有关部门

4. 事故单位的责任人和对事故负有监管职责的人员在事故发生后弄虚作假，贻误事故抢救，应承担相应的法律责任。根据《中华人民共和国刑法》及相关司

法解释，下列关于不报、谎报安全事故罪的犯罪情形，应当认定为情节特别严重的有（　　）。

A. 导致事故后果扩大增加死亡 2 人以下的

B. 导致事故后果扩大增加死亡 3 人以上的

C. 导致事故后果扩大增加重伤 10 人以上的

D. 导致事故后果扩大增加经济损失 500 万元以上的

E. 采用暴力、胁迫、命令等方式阻止他人报告事故情况，导致事故后果扩大的

5. 事故调查处理应当按照（　　）的原则，及时、准确地查清事故原因，查明事故性质和责任，总结事故教训，提出整改措施，并对事故责任者提出处理建议。

A. 从重处罚　　B. 科学严谨　　C. 依法依规　　D. 实事求是

E. 注重实效

6. 根据《生产安全事故信息报告和处置办法》，下列关于事故信息续报的表述，正确的是（　　）。

A. 一般事故每日至少续报 1 次

B. 较大事故每日至少续报 2 次

C. 重大事故每日至少续报 2 次

D. 特别重大事故每日至少续报 3 次

E. 火灾事故自发生之日起 7 日内伤亡人数发生变化的，应当当日补报

7. 生产安全事故责任认定是根据事故调查所确认的事实，分清事故责任。事故责任认定可分为（　　）。

A. 行为责任　　B. 监督责任　　C. 领导责任　　D. 直接责任

E. 主要责任

8. 某危险化学品生产企业发生火灾事故。下列关于该企业事故报告和应急救援的表述，正确的是（　　）。

A. 事故现场有关人员应当立即报告该企业负责人

B. 该企业负责人接到报告后，应当于 12 h 内向事故发生地县级以上人民

政府应急管理部门和负有安全监管职责的有关部门报告

C. 该企业负责人接到事故报告后，应当迅速采取有效措施，组织抢救，防止事故扩大，减少人员伤亡和财产损失

D. 该企业负责人应当按照企业危险化学品应急预案组织救援，并向当地应急管理部门和环境保护、公安、卫生行政主管部门报告

E. 该企业主要负责人不得瞒报、谎报或者迟报，不得故意破坏事故现场、毁灭有关证据

9. 根据《生产安全事故报告和调查处理条例》，事故发生单位主要负责人、直接负责的主管人员和其他直接责任人员出现下列（　　）行为，可处上一年年收入60%~100%的罚款。

A. 谎报或瞒报事故

B. 伪造或者故意破坏事故现场

C. 在事故调查中作伪证或者指使他人作伪证

D. 拒绝接受调查或拒绝提供有关情况和资料

E. 事故发生后逃匿

### 三、判断题

1. 生产安全事故发生后，事故现场有关人员应当立即向本单位负责人报告；单位负责人接到报告后，应当于1 h内向事故发生地县级以上人民政府应急管理部门和负有安全生产监督管理职责的有关部门报告。（　　）

2. 发生生产安全事故后，事故发生单位在限定时限内没有如实报告，在被有关部门发现并开展调查时才不得已告知事故真相的，属于迟报事故。（　　）

3. 企业配合政府进行生产安全事故调查并完成内部调查后，事故调查工作就全部完成了。（　　）

4. 处理环境污染的费用属于直接经济损失的统计范围。（　　）

5. 在事故应急响应程序中，根据事故性质、严重程度、影响范围和可控性，结合响应分级明确的条件，可由应急领导小组做出响应启动的决策并宣布。

（　　）

6. 某企业发生一起爆炸事故，造成 2 名施工人员失踪，其单位负责人接到事故信息报告后，应寻找施工人员下落，查清事故原因后再上报应急管理部门；若未查明原因但事故发生时间超过 3 日，也必须上报应急管理部门。（  ）

7. 发生生产安全事故后，生产经营单位应当先上报相关部门，经审批后再启动生产安全事故应急救援预案。（  ）

## 参考答案及解析

### 一、单项选择题

1. D

【解析】根据《企业职工伤亡事故经济损失统计标准》（GB 6721—86）第 2 条和第 3 条规定，直接经济损失包括处理事故的事务性费用、现场抢救费用、清理现场费用、事故罚款和赔偿费用、医疗费用（含护理费用）、丧葬及抚恤费用、补助及救济费用、误工费、流动资产损失、固定资产损失等。间接经济损失包括停产、减产损失价值，工作损失价值，资源损失价值，处理环境污染的费用，补充新职工的培训费用以及其他损失费用。

2. D

【解析】根据《生产安全事故报告和调查处理条例》第十二条规定，报告事故应包括以下内容：

（1）事故发生单位概况；

（2）事故发生的时间、地点以及事故现场情况；

（3）事故的简要经过；

（4）事故已经造成或者可能造成的伤亡人数（包括下落不明的人数）和初步估计的直接经济损失；

（5）已经采取的措施；

（6）其他应当报告的情况。

3. B

【解析】根据《中华人民共和国安全生产法》第八十三条规定，生产经营单位发生生产安全事故后，事故现场有关人员应当立即报告本单位负责人。单位负责人接到事故报告后，应当迅速采取有效措施，组织抢救，防止事故扩大，减少人员伤亡和财产损失，并按照国家有关规定立即如实报告当地负有安全生产监督管理职责的部门，不得隐瞒不报、谎报或者迟报，不得故意破坏事故现场、毁灭有关证据。

4. C

【解析】根据《中华人民共和国安全生产法》第一百一十条规定，生产经营单位的主要负责人在本单位发生生产安全事故时，不立即组织抢救或者在事故调查处理期间擅离职守或者逃匿的，给予降级、撤职的处分，并由应急管理部门处上一年年收入60%~100%的罚款；对逃匿的处15日以下拘留；构成犯罪的，依照刑法有关规定追究刑事责任。

5. B

【解析】根据《生产安全事故报告和调查处理条例》第十条规定，安全生产监督管理部门和负有安全生产监督管理职责的有关部门接到事故报告后，应当依照下列规定上报事故情况，并通知公安机关、劳动保障行政部门、工会和人民检察院：

（1）特别重大事故、重大事故逐级上报至国务院安全生产监督管理部门和负有安全生产监督管理职责的有关部门；

（2）较大事故逐级上报至省、自治区、直辖市人民政府安全生产监督管理部门和负有安全生产监督管理职责的有关部门；

（3）一般事故上报至设区的市级人民政府安全生产监督管理部门和负有安全生产监督管理职责的有关部门。

安全生产监督管理部门和负有安全生产监督管理职责的有关部门依照前款规定上报事故情况，应当同时报告本级人民政府。国务院安全生产监督管理部门和负有安全生产监督管理职责的有关部门以及省级人民政府接到发生特别重大事故、重大事故的报告后，应当立即报告国务院。必要时，安全生产监督管理部门和负有安全生产监督管理职责的有关部门可以越级上报事故情况。

6. C

【解析】根据《中华人民共和国安全生产法》第五十九条规定，从业人员发现事故隐患或者其他不安全因素，应当立即向现场安全生产管理人员或者本单位负责人报告；接到报告的人员应当及时予以处理。

7. D

【解析】根据《中华人民共和国安全生产法》第九十四条规定，生产经营单位的主要负责人未履行本法规定的安全生产管理职责的，导致发生生产安全事故的，给予撤职处分；构成犯罪的，依照刑法有关规定追究刑事责任。生产经营单位的主要负责人依照前款规定受刑事处罚或者撤职处分的，自刑罚执行完毕或者受处分之日起，5年内不得担任任何生产经营单位的主要负责人；对重大、特别重大生产安全事故负有责任的，终身不得担任本行业生产经营单位的主要负责人。

8. D

【解析】根据《中华人民共和国安全生产法》第一百零六条规定，生产经营单位与从业人员订立协议，免除或者减轻其对从业人员因生产安全事故伤亡依法应承担的责任的，该协议无效；对生产经营单位的主要负责人、个人经营的投资人处2万元以上10万元以下的罚款。

9. B

【解析】根据《中华人民共和国安全生产法》第一百一十条规定，生产经营单位的主要负责人在本单位发生生产安全事故时，不立即组织抢救或者在事故调查处理期间擅离职守或者逃匿的，给予降级、撤职的处分，并由应急管理部门处上一年年收入60%~100%的罚款；对逃匿的处15日以下拘留；构成犯罪的，依照刑法有关规定追究刑事责任。

10. C

【解析】根据《生产安全事故信息报告和处置办法》第3条规定，本办法规定的应当报告和处置的生产安全事故信息是指已经发生的生产安全事故和较大涉险事故的信息。

11. C

【解析】根据《中华人民共和国安全生产法》第九十三条规定，生产经营单位的决策机构、主要负责人或者个人经营的投资人不依照本法规定保证安全生产所必需的资金投入，致使生产经营单位不具备安全生产条件的，责令限期改正，提供必需的资金；逾期未改正的，责令生产经营单位停产停业整顿。有前款违法行为，导致发生生产安全事故的，对生产经营单位的主要负责人给予撤职处分，对个人经营的投资人处 2 万元以上 20 万元以下的罚款；构成犯罪的，依照刑法有关规定追究刑事责任。

12. B

【解析】根据《安全生产事故报告和调查处理条例》第十三条规定，事故报告后出现新情况的，应当及时补报。自事故发生之日起 30 日内（道路交通事故、火灾事故自发生之日起 7 日内），事故造成的伤亡人数发生变化的，应当及时补报。

13. A

【解析】根据《生产安全事故报告和调查处理条例》第二十九条规定，事故调查组应当自事故发生之日起 60 日内提交事故调查报告；特殊情况下，经负责事故调查的人民政府批准，提交事故调查报告的期限可以适当延长，但延长的期限最长不超过 60 日。

14. B

【解析】略。

15. A

【解析】此事故造成 20 人死亡，构成了重大事故。按照《生产安全事故报告和调查处理条例》第十九条规定，重大事故由事故发生地省级人民政府直接组织事故调查组进行调查，也可以授权或者委托有关部门组织事故调查组进行调查。此事故发生在 A 省境内，负责该起事故调查的主体是 A 省人民政府。

16. D

【解析】直接经济损失是指因事故造成人身伤亡及善后处理支出的费用和毁坏财产的价值，包括人身伤亡所支出的费用、善后处理费用、财产损失费用。

17. A

【解析】根据《生产安全事故报告和调查处理条例》，一般事故是指造成 3 人以下死亡，或者 10 人以下重伤，或者 1 000 万元以下直接经济损失的事故。

18. D

【解析】根据《生产安全事故报告和调查处理条例》第二十九条规定，事故调查组应当自事故发生之日起 60 日内提交事故调查报告；特殊情况下，经负责事故调查的人民政府批准，提交事故调查报告的期限可以适当延长，但延长的期限最长不超过 60 日。

19. A

【解析】略。

20. C

【解析】根据《中华人民共和国安全生产法》第一百一十一条规定，生产经营单位发生生产安全事故造成人员伤亡、他人财产损失的，应当依法承担赔偿责任；拒不承担或者其负责人逃匿的，由人民法院依法强制执行。

21. C

【解析】起重伤害是指各种起重作业（包括起重机安装、检修、试验）中发生的挤压、坠落（吊具、吊重）、物体打击等。

22. C

【解析】该公司爆炸事故造成 10 人死亡、15 人重伤、直接经济损失 6 000 多万元，属于重大事故。

根据《中华人民共和国安全生产法》第九十五条规定，生产经营单位的主要负责人未履行本法规定的安全生产管理职责，导致发生生产安全事故的，由应急管理部门依照下列规定处以罚款：

（1）发生一般事故的，处上一年年收入 40% 的罚款；

（2）发生较大事故的，处上一年年收入 60% 的罚款；

（3）发生重大事故的，处上一年年收入 80% 的罚款；

（4）发生特别重大事故的，处上一年年收入 100% 的罚款。

根据《中华人民共和国安全生产法》第一百一十四条规定，发生生产安全事故，对负有责任的生产经营单位除要求其依法承担相应的赔偿等责任外，由应急管理部门依照下列规定处以罚款：

（1）发生一般事故的，处 30 万元以上 100 万元以下的罚款；

（2）发生较大事故的，处 100 万元以上 200 万元以下的罚款；

（3）发生重大事故的，处 200 万元以上 1 000 万元以下的罚款；

（4）发生特别重大事故的，处 1 000 万元以上 2 000 万元以下的罚款。

发生生产安全事故，情节特别严重、影响特别恶劣的，应急管理部门可以按照前款罚款数额的 2 倍以上 5 倍以下对负有责任的生产经营单位处以罚款。

根据《中华人民共和国安全生产法》第九十四条规定，生产经营单位的主要负责人未履行本法规定的安全生产管理职责的，责令限期改正，处 2 万元以上 5 万元以下的罚款；逾期未改正的，处 5 万元以上 10 万元以下的罚款，责令生产经营单位停产停业整顿。生产经营单位的主要负责人有前款违法行为，导致发生生产安全事故的，给予撤职处分；构成犯罪的，依照刑法有关规定追究刑事责任。生产经营单位的主要负责人依照前款规定受刑事处罚或者撤职处分的，自刑罚执行完毕或者受处分之日起，5 年内不得担任任何生产经营单位的主要负责人；对重大、特别重大生产安全事故负有责任的，终身不得担任本行业生产经营单位的主要负责人。

23. D

【解析】根据《中华人民共和国安全生产法》第九十三条规定，生产经营单位主要负责人不依照本法规定保证安全生产所必需的资金投入，致使生产经营单位不具备安全生产条件的，责令限期改正，提供必需的资金；逾期未改正的，责令生产经营单位停产停业整顿。有前款违法行为，导致发生生产安全事故的，对生产经营单位的主要负责人给予撤职处分，对个人经营的投资人处 2 万元以上 20 万元以下的罚款；构成犯罪的，依照刑法有关规定追究刑事责任。

根据《中华人民共和国安全生产法》第九十四条规定，生产经营单位的主要负责人依照相关规定受刑事处罚或者撤职处分的，自刑罚执行完毕或者受处分之日起，5 年内不得担任任何生产经营单位的主要负责人；对重大、特别重大生产安全事故负有责任的，终身不得担任本行业生产经营单位的主要负责人。

该起事故属于较大事故，张某自刑罚执行完毕或者受处分之日起 5 年内不得担任任何生产经营单位的主要负责人。

## 二、多项选择题

1. ABD

【解析】根据《生产安全事故报告和调查处理条例》第三条规定，重大事故是指造成 10 人以上 30 人以下死亡，或者 50 人以上 100 人以下重伤，或者 5 000 万元以上 1 亿元以下直接经济损失的事故（"以上"包括本数，"以下"不包括本数）。

2. BCD

【解析】根据《生产安全事故报告和调查处理条例》第十九条规定，特别重大事故由国务院或者国务院授权有关部门组织事故调查组进行调查。重大事故、较大事故、一般事故分别由事故发生地省级人民政府、设区的市级人民政府、县级人民政府负责调查。省级人民政府、设区的市级人民政府、县级人民政府可以直接组织事故调查组进行调查，也可以授权或者委托有关部门组织事故调查组进行调查。未造成人员伤亡的一般事故，县级人民政府也可以委托事故发生单位组织事故调查组进行调查。

3. ABD

【解析】根据《生产安全事故报告和调查处理条例》第十条规定，安全生产监督管理部门和负有安全生产监督管理职责的有关部门接到事故报告后，应当依照下列规定上报事故情况，并通知公安机关、劳动保障行政部门、工会和人民检察院：

（1）特别重大事故、重大事故逐级上报至国务院安全生产监督管理部门和负有安全生产监督管理职责的有关部门；

（2）较大事故逐级上报至省、自治区、直辖市人民政府安全生产监督管理部门和负有安全生产监督管理职责的有关部门；

（3）一般事故上报至设区的市级人民政府安全生产监督管理部门和负有安全生产监督管理职责的有关部门。

安全生产监督管理部门和负有安全生产监督管理职责的有关部门依照前款规

定上报事故情况，应当同时报告本级人民政府。国务院安全生产监督管理部门和负有安全生产监督管理职责的有关部门以及省级人民政府接到发生特别重大事故、重大事故的报告后，应当立即报告国务院。

4. BCE

【解析】根据《最高人民法院 最高人民检察院关于办理危害生产安全刑事案件适用法律若干问题的解释》（法释〔2015〕22号）第八条规定，在安全事故发生后，负有报告职责的人员不报或者谎报事故情况，贻误事故抢救，具有下列情形之一的，应当认定为《中华人民共和国刑法》第一百三十九条之一规定的"情节严重"：

（1）导致事故后果扩大，增加死亡1人以上，或者增加重伤3人以上，或者增加直接经济损失100万元以上的。

（2）实施下列行为之一，致使不能及时有效开展事故抢救的：①决定不报、迟报、谎报事故情况或者指使、串通有关人员不报、迟报、谎报事故情况的；②在事故抢救期间擅离职守或者逃匿的；③伪造、破坏事故现场，或者转移、藏匿、毁灭遇难人员尸体，或者转移、藏匿受伤人员的；④毁灭、伪造、隐匿与事故有关的图纸、记录、计算机数据等资料以及其他证据的。

（3）其他情节严重的情形。具有下列情形之一的，应当认定为《中华人民共和国刑法》第一百三十九条之一规定的"情节特别严重"：①导致事故后果扩大，增加死亡3人以上，或者增加重伤10人以上，或者增加直接经济损失500万元以上的；②采用暴力、胁迫、命令等方式阻止他人报告事故情况，导致事故后果扩大的；③其他情节特别严重的情形。

5. BCDE

【解析】根据《中华人民共和国安全生产法》第八十六条规定，事故调查处理应当按照科学严谨、依法依规、实事求是、注重实效的原则，及时、准确地查清事故原因，查明事故性质和责任，评估应急处置工作，总结事故教训，提出整改措施，并对事故责任单位和人员提出处理建议。

6. ACE

【解析】根据《生产安全事故信息报告和处置办法》第十一条规定，较大涉险事故、一般事故、较大事故每日至少续报1次，重大事故、特别重大事故每日至少续报2次。自事故发生之日起30日内（道路交通、火灾事故自发生之日起7日内），事故造成的伤亡人数发生变化的，应于当日补报。

7. CDE

【解析】略。

8. ACDE

【解析】根据《生产安全事故报告和调查处理条例》第九条规定，单位负责人接到报告后，应当于1 h内向事故发生地县级以上人民政府安全生产监督管理部门和负有安全生产监督管理职责的有关部门报告。

9. ABCDE

【解析】根据《生产安全事故报告和调查处理条例》第三十六条规定，事故发生单位及其有关人员有下列行为之一的，对主要负责人、直接负责的主管人员和其他直接责任人员处上一年年收入60%～100%的罚款：

（1）谎报或者瞒报事故；

（2）伪造或者故意破坏事故现场；

（3）转移、隐匿资金、财产，或者销毁有关证据、资料；

（4）拒绝接受调查或者拒绝提供有关情况和资料；

（5）在事故调查中作伪证或者指使他人作伪证；

（6）事故发生后逃匿。

### 三、判断题

1. 正确

【解析】根据《生产安全事故应急条例》第九条规定，事故发生后，事故现场有关人员应当立即向本单位负责人报告；单位负责人接到报告后，应当于1 h内向事故发生地县级以上人民政府应急管理部门和负有安全生产监督管理职责的有关部门报告。

2. 错误

【解析】发生生产安全事故后，事故发生单位在限定时限内不主动向法定部门如实报告，在被有关部门发现并开展调查时才不得已告知事故真相的，属于瞒报事故。

3. 错误

【解析】根据《中华人民共和国安全生产法》第八十六条规定，事故发生单位应当及时全面落实整改措施，负有安全生产监督管理职责的部门应当加强监督检查。负责事故调查处理的国务院有关部门和地方人民政府应当在批复事故调查报告后一年内，组织有关部门对事故整改和防范措施落实情况进行评估，并及时向社会公开评估结果；对不履行职责导致事故整改和防范措施没有落实的有关单位和人员，应当按照有关规定追究责任。

4. 错误

【解析】根据《企业职工伤亡事故经济损失统计标准》（GB 6721—86）第 3 条规定，间接经济损失的统计范围包括停产、减产损失价值，工作损失价值，资源损失价值，处理环境污染的费用，补充新职工的培训费用，其他损失费用。

5. 正确

【解析】根据《生产经营单位生产安全事故应急预案编制导则》（GB/T 29639—2020）第 6.3.1 条规定，根据事故性质、严重程度、影响范围和可控性，结合响应分级明确的条件，可由应急领导小组做出响应启动的决策并宣布。

6. 错误

【解析】根据《生产安全事故报告和调查处理条例》第九条规定，事故发生后，事故现场有关人员应当立即向本单位负责人报告；单位负责人接到报告后，应当于 1 h 内向事故发生地县级以上人民政府安全生产监督管理部门和负有安全生产监督管理职责的有关部门报告。

7. 错误

【解析】根据《生产安全事故应急条例》第十七条规定，发生生产安全事故后，生产经营单位应当立即启动生产安全事故应急救援预案，进行应急救援，并按照国家有关规定报告事故情况。